普通高等教育物联网工程专业规划用书

物联网技术概论

燕庆明　主　编

田　备　于凤芹　彭　力　副主编

西安电子科技大学出版社

内 容 简 介

本书主要介绍物联网技术及其应用的基本知识。全书包括以下 8 章：导论、物联网的概念与网络体系、物联网中的感知技术、物联网的网络通信技术、物联网应用及云计算、感知校园：智慧监控、电能计量管理系统和网络预付费水电管理。

本书重点突出，注重概念，联系实用，语言简练，图文并茂。

本书既可作为高等学校本、专科的电子信息、通信、自动化、传感网技术、物联网工程(技术)、计算机网络与信息技术等专业的教科书，也可作为物联网技术开发应用企业对青年职工业务培训的教材，还可以供广大科技工作者学习参考。

图书在版编目（CIP）数据

物联网技术概论/燕庆明主编. —西安：西安电子科技大学出版社，2012.3(2016.10 重印)

普通高等教育物联网工程专业规划用书

ISBN 978-7-5606-2753-3

Ⅰ. ① 物…　Ⅱ. ① 燕…　Ⅲ. ① 互联网络—应用—高等学校—教材
② 智能技术—应用—高等学校—教材　Ⅳ. ① TP393.4　② TP18

中国版本图书馆 CIP 数据核字(2012)第 017136 号

策　　划　高维岳
责任编辑　夏大平　高维岳
出版发行　西安电子科技大学出版社(西安市太白南路 2 号)
电　　话　(029)88242885　88201467　　邮　　编　710071
网　　址　www.xduph.com　　　　　　　电子邮箱　xdupfxb001@163.com
经　　销　新华书店
印刷单位　陕西华沐印刷科技有限责任公司
版　　次　2012 年 3 月第 1 版　　2016 年 10 月第 2 次印刷
开　　本　787 毫米×1092 毫米　1/16　印　张　11
字　　数　252 千字
印　　数　3001～5000 册
定　　价　19.00 元

ISBN 978-7-5606-2753-3/TP · 1331

XDUP 3045001-2

如有印装问题可调换

《物联网技术概论》编写成员组成

主　编：燕庆明

副主编：田　备　于凤芹　彭　力

参编成员：

王　强　　张　新

于丹石　　邓慧斌

赵　让　　石晨曦

沈叶忠

前　　言

随着高等教育事业的不断发展，高等学校的专业设置也随之不断变化。许多本科学校和高职院校设置了物联网工程(技术)或传感网技术专业。为了满足学生学习物联网基本知识的需要，我们编写了这本基础性教材。本书的特点是：重点突出，注重应用，语言简练，图文并茂。

我国发布的《2006～2020年国家信息化发展战略》中指出："信息化是当今世界发展的大趋势，是推动经济社会变革的重要力量。大力推进信息化，是覆盖我国现代化建设全局的战略举措，是贯彻落实科学发展观、全面建设小康社会、构建社会主义和谐社会和建设创新型国家的迫切需要和必然选择。"

为了实现信息化，必须进行信息化技术与工业化的融合。具体地说，要把信息技术与工业、农业、服务业相结合，与产业构成层融合，与工业设计层融合，与生产过程控制层融合，与物流及供应链融合，与经营决策层融合。要实现这些融合，必须高度重视计算机、互联网、物联网技术的开发与应用。要着力突破传感网、物联网的关键技术，使信息网络产业成为推动产业升级、迈向信息社会的发动机。

物联网并不是突然冒出来的新技术，它是互联网技术的扩展与延伸，是通信、控制、检测、传感器、信息处理和识别技术的智能化表现。由于物联网技术在工业、农业、环境保护、防灾救灾、医疗卫生、安全保卫、航空航天、国防建设中有着广泛应用，所以受到国家、科研院所、企业和社会各界的高度重视。相应地，在一些高等学校中也新开设了传感网技术或物联网工程(技术)等专业。本书就是为适应这样的教学需要而编写的教材。

本书的重点不是介绍物联网技术的生产、制造、安装、调试、联网等具体实际过程，而是讲述物联网的概念、原理、体系和实现方法，讲述物联网从感知、处理、传输到应用的内在联系。抓住物联网的重点技术，如射频识别技术、物联网通信技术、传感器与无线传感网技术、物联网应用领域等，给予导论性介绍。

值得指出的是，本书第6、7、8章较详细地介绍了江南大学物联网应用的成功案例——"感知校园：智慧监控"。该项目是由副校长田备同志为主策划、设计、实施的。他所带领的江南大学节能所、江南感知能源研究院，经过近十年的努力，已经取得了显著成效。这三章内容对于读者来说很有借鉴价值。

本书由燕庆明执笔第1、5章，于凤芹执笔第2、3章，彭力执笔第4章，田备、王强、张新、赵让、于丹石、邓慧斌、石晨曦、沈叶忠等执笔第6、7、8章。全书由燕庆明任主编并统稿，田备、于凤芹、彭力任副主编。该书是参编人员共同努力的结果。书中参考了大量国内外文献，这里对有关作者表示感谢。同时对杨慧中教授所给予的帮助表示谢意。衷心感谢无锡锐泰节能系统科学有限公司对本书出版的大力支持。感谢本书责任编辑夏大平对本书的出版所付出的辛苦劳动。

本书可供高等学校本、专科的电子信息、通信、自动化、传感网技术、物联网工程(技术)、计算机网络与信息技术等专业作为教材或教学参考书使用。

由于作者水平有限，书中可能有疏漏之处，敬请赐教。

编　者

2011 年 8 月

目　　录

第1章 导 论

1.1 物联网发展的背景

近百年世界信息科学技术的发展历程，大体上可分为三个阶段。20世纪50年代之前是信息技术理论的奠基阶段，它的第一个重要成果就是诞生了第一代电子计算机。从20世纪60年代开始，信息技术进入微电子技术的发展阶段，它的重要标志就是各种集成电路的出现。从20世纪90年代开始，出现了信息高速公路，这就是互联网，互联网改变了世界。从本世纪初开始，信息技术的应用开启了"互联网+物联网"的新阶段。物联网的出现，可以认为是继互联网之后的又一次技术革命。

1. 国际国内有关信息技术的几件大事

近十多年来，从决策层来看，出现了几件大事：

(1) 数字地球。1998年1月31日，美国前副总统戈尔做了题为《数字地球：展望21世纪我们这颗行星》的报告，首次提出了"数字地球"的新概念，促进了信息高速公路的发展。

(2) 物联网。2005年11月，国际电信联盟(ITU)在突尼斯举行的信息社会世纪峰会上，发布了《ITU互联网报告：物联网》，正式提出了物联网概念。

(3) 智慧地球。2008年，IBM公司首次提出了"智慧地球"发展战略。公司建议奥巴马政府投资这一智慧型基础设施。2009年，奥巴马政府积极回应这一提议，并主张把这一概念上升为美国国家战略。

(4) 感知中国。2009年8月7日，我国总理温家宝在视察无锡微纳传感网工程技术中心时，提出在无锡建立"感知中国"示范中心，要求"早日谋划未来，早一点攻破核心技术"。2009年10月，无锡市成立了无锡物联网产业研究院。

(5) 欧洲行动计划。2009年6月18日，欧盟在比利时首都布鲁塞尔提交了《物联网——欧洲行动计划》的公告。指出物联网是主要的经济与社会资源，并提出14项行动计划，决心以实际行动引领物联网时代。

(6) 智能日本。2004年，日本提出"U-Japan"战略，也就是建设"4U网络"，即Uniquitous(无所不在)、Universal(无所不包)、User-oriented(用户指南)、Unique(独特)之网络，实现所有人与人、物与物、人与物之间连接。2009年8月，日本又把"U-Japan"升级为"I-Japan"战略，即"智能日本"(Intelligent Japan)计划。日本把传感器列为国家重点发展项目之一，期望通过物联网技术的产业化，实现自主创新，改革经济社会，并减轻因人口老龄化带来的医疗、养老等社会负担。

2. 促进物联网发展的技术和社会背景

(1) 信息技术背景。物联网(The Internet of Things，IOT)概念最早于1999年由美国麻省理工学院的科研专家首先提出。最初是将传感器、电子标签用于商业方面。这项技术一旦和互联网结合，即显示出强大的生命力。所以物联网是在计算机、互联网之后的技术延伸。物联网之所以如此快地出现在人们的眼前，传感器、射频识别器件(Radio Frequency Identification Device，RFID)、计算机和互联网的快速发展起到了决定性作用。

计算机信息技术的发展，其历程大致如下：20世纪50年代为第一代电子管计算机；到1965年，出现了第二代大型电子计算机(晶体管，哈佛大学)；1980年，出现了第三代PC计算机(集成电路)；1995年，互联网进入社会；2010年，我国研制的超级计算机"天河一号"，速度达到4700万亿次/秒，居当年世界第一位。在通信方面，从固定电话到移动电话，从模拟手机到数字3G手机，从互联网通信到卫星通信、激光通信、微波通信等，发展速度难以想象。这些都成为物联网诞生的必要条件。

(2) 金融危机背景。可以说金融危机催生了物联网革命。从历史上看，每次经济危机都推动了新的技术革命。1857年的世界经济危机，引发了电气技术革命；1929年的世界经济危机，又催生了以电子、航空和核能为代表的新技术革命。新技术的出现和产业重组，成为摆脱危机、推动经济增长的动力。从2007年底起由美国次贷危机引发的国际金融危机，影响之大，时间之长，对全世界经济造成了严重打击。为了应对金融危机，从2008年起，世界各国，特别是美国、欧洲、中国等国家和地区，相继出台对策，以挽救面临困境的企业和经济。各国提出采用新技术、新的产业结构来应对危机。物联网就是在这种政治背景下的必然产物。图1-1为物联网形成示意图。

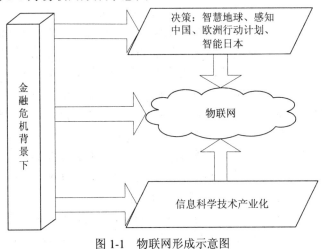

图1-1　物联网形成示意图

1.2　我国物联网现状与发展趋势

自从2009年8月我国创建"感知中国"中心起，从国家到地方，从科研院所到企业，都加快了物联网技术和产业的研发。2009年11年，由中国移动、大唐移动、同方股份、中科院软件所、清华大学、北京邮电大学的科研院所和企业共同组建了中关村物联网产业联盟。2010年1月，江苏昆山传感器产业基地成立。广东成立了射频识别技术标准化技术委员会。2010年3月，中国政府工作报告第一次写入"加快物联网的研究应用"。2010年7月，上海启动建设"上海物联网中心"。

无锡从 2009 年起确立为国家物联网产业示范基地。这一重大决策，像春雷一样响彻江南大地。无锡率先成立了以刘海涛教授为领军人物的无锡物联网产业研究院，成立了无锡国家传感信息中心管理委员会。2010 年 6 月，江南大学组建了全国第一家物联网工程学院，成立了传感网大学科技园。先后有十九所全国重点大学在无锡设立研发中心或研发项目，如上海交通大学的"三网合一"、南京大学的"感知生命"、南京信息工程大学的感知气象、电子科技大学的光纤传感器等。世界知名高校，如剑桥大学、麻省理工等大学的科研人员也进驻园区。中国电信、中国移动在无锡成立了物联网研究院。到 2010 年底为止，全市已成立了物联网企业 259 家，拥有物联网研发高级人才近 1000 名，签约物联网项目 214 项；确立了 80 多个重大示范项目，如感知太湖、智能交通、防入侵工程、平安家居、生态农业、现代物流等；已有 12 个项目进入应用阶段，如无锡机场防入侵自动监控系统、太湖水智能监测系统以及在无锡运营的中国首座 220 千伏智能变电站，均采用了物联网技术，将各个关键部位用传感器与互联网相连，可进行自我诊断、判别和修复。太湖云计算信息技术公司在物联网工程中已发挥重大作用，在私有云解决方案、共有云服务、虚拟桌面云解决方案以及智慧商务电子等方面不断取得成果，仅 2010 年就实现了 2000 万元的销售收入。无锡物联网产业在物联网设备制造、软件产品开发、系统集成、网络及运营服务四大领域已取得显著成效。从 2010 年 2 月到 2011 年 2 月的一年间，实现销售收入 365 亿元。到 2015 年，预计可达到 5000 亿元/年。

为了快速推进我国物联网建设和创新，工业和信息化部提出了四项指导原则：

(1) 突破物联网关键核心技术，实现科技创新。结合物联网特点，研发和推广应用技术，加强行业和领域物联网技术解决方案的研发和公共服务平台建设。

(2) 制定我国物联网发展规划，全面布局。重点发展高端传感器、微机电系统、智能传感器和传感网节点、传感器网关、超高频射频识别、有源射频识别器件等，重点发展相关终端和设备以及软件、信息服务。

(3) 推动典型物联网应用示范，带动发展。通过示范应用项目的引导，带动物联网产业发展。深度开发物联网采集的信息资源，提升物联网应用过程产业链的整体价值。

(4) 加强制定物联网国际国内标准，保障发展。做好顶层设计，形成技术创新、标准和知识产权协调互动机制。建设标准验证、测试和仿真等标准服务平台。加快关键标准的制定、实施和应用，将国内自主创新研究成果推向国际。

从发展趋势来看，物联网的产生和应用，必然推动许多技术领域的发展。因为，每次重大科技创新的出现，都大大推动了社会、经济的发展。展望未来，有三种趋势将会促使物联网的快速发展，一是传感器技术更加多样和成熟；二是网络更加发达，即无处不在的网络和网络的智能化；三是信息处理能力更强，随着计算机的存储能力和计算能力的不断加强，使海量信息处理成为可能。可以预期，一个感知中国、智慧中国的高智能化社会必将到来。

1.3　物联网的应用领域

按照国际电信联盟的描述，物联网所要实现的目标是以下三者的统一：
(1) 物体与物体(Thing to Thing, T2T)的信息互联；
(2) 人与物体(Human to Thing, H2T)的信息互联；

(3) 人与人(Human to Human, H2H)之间的信息互联。

可见，物联网可以做到对任何时间、任何物品、环境、人、企业、商业等实现互联互通。

从技术上来说，物联网是在互联网基础上实现传感信息技术、通信技术和计算机技术三者为一体的智能网络。图1-2为物联网一体化网络的示意图。

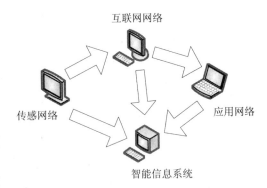

图 1-2　物联网网络

由于物联网的上述基本特征，所以它的应用领域非常广泛，如工业、农业、军事、环境、交通、物流、医疗、电网、学校等。下面略举几例。

监测太湖，智慧水利。太湖水的治理是国家的重点项目，但多年来一直找不到好的治理方法。物联网技术的出现，使该项目出现了转机。从2009年起，作为无锡的示范工程，运用物联网方法，在太湖建造了20多个蓝藻监测点。目前实时监测效果很好。

能源监控。为了实现节电、节水的目的，江南大学从2005年起就率先启用物联网技术。在全校3000多亩的校园内，设置了许多传感节点，通过互联网实时控制，达到节能减排的目的。目前江南大学的经验已在江苏，乃至全国的高校逐步推广。

智能交通。在交通方面，运用物联网技术可以实现不停车收费。北京朝阳区试行在某园区内无人驾驶公交，广东东莞实现汽车车位预约系统等。

智能物流。实现对货物配送、监控、信息处理、自动识别、采购、存储、包装、运输、加工、销售等环节的智能管理。

农业生产。运用物联网技术，可以监测并采集风、光、水、电、热、农药等数据，随时对各项因素实施监控和调节，保证农作物免受灾害。

总之，物联网的应用非常广泛。图1-3给出了一个示意图。

图 1-3　物联网应用示意图

图 1-4 为物联网节能应用的总体架构图。

图 1-4 物联网节能应用总体架构图

思考题与习题

1. 如何理解物联网的发展背景、技术特征和发展前景？

2. 物联网技术在信息技术、信息产业以及信息化与工业化融合中起什么作用？在实现物理世界与信息世界的连接方面你有什么设想？

第2章 物联网的概念与网络体系

本章给出物联网的定义并解释定义的内涵；在概括物联网基本特征的基础上阐述物联网的网络体系结构；从感知层、网络层和应用层来概述物联网所涉及的关键技术。

2.1 物联网的定义与内涵

互联网(Internet)使地球上的人们都连接在了一个网络上，而通过机器与机器互联(M2M)使机器也进入了网络中，那么下一步就应该是各种物体与物体之间的联网了，这就是物联网的最初动因。图 2-1 给出了人们对物联网的发展愿景。

图 2-1 人们对物联网的发展愿景

物联网的一般定义是：通过射频识别器件(RFID)、红外感应器、传感器、全球定位系统、激光扫描器等信息传感设备，按约定的协议，把任何物品与互联网相连接，并进行信息交换和通信，以实现智能化识别、定位、跟踪、监控和管理的一种网络。也就是说，物联网的概念是在互联网概念的基础上，将其用户端延伸和扩展到任何物品与物品之间，并进行信息交换和通信的一种网络。具体地说，物联网就是把传感器嵌入到电网、铁路、桥梁、隧道、公路、建筑、供水系统、大坝、油气管道等各种物体中，然后将这个物联网与现有的互联网整合起来，形成一个更大的泛在网，实现人类社会与物理系统的整合。在这个整合网络中，存在能力超级强大的中心计算机集群，能够对整合网络内的人员、机器、设备和基础设施进行实时的管理和控制。

国际电信联盟(ITU)对物联网的定义是：物联网可以实现任何人在任何时间和任何地点对任何东西的访问(from anytime，any place connectivity for anyone，we will now have connectivity for anything)。

欧盟委员会信息和社会媒体司 RFID 部门负责人 Lorent Ferderix 博士给出了欧盟对物联网的定义：物联网是一个动态的全球网络基础设施，它具有基于标准和互操作通信协议的自组织能力，其中物理的和虚拟的"物"具有身份标识、物理属性、虚拟的特性和智能的接口，并与信息网络无缝整合。物联网将与媒体互联网、服务互联网和企业互联网一起，构成未来智能互联网。

为了理解物联网的概念，必须打破传统的思维方式。传统的思维是将物理基础设施和 IT 基础设施分开，一方面是机场、公路、建筑物，而另一方面是数据中心、个人电脑、宽带网络等。但在物联网时代，钢筋混凝土、电缆与芯片、宽带整合为统一的基础设施，这些具有智能和通信的基础设施更像是一块新的地球工地，整个世界(包括经济管理、生产运行、社会管理乃至个人生活)就在它上面进行运转。

从实现物联网技术角度理解：物联网是指物体通过智能感应装置，经过传输网络，到达指定的信息处理中心，最终实现物与物、人与物之间的信息交互处理的智能网络。从应用物联网层面理解：物联网是指把世界上所有的物体都连接到一个网络中，形成物联网，然后物联网再与现有的互联网结合，实现人类社会与物理系统的整合，达到以更加精细和动态的方式来管理生产和生活的目的。

虽然目前对物联网也还没有一个统一的标准定义，但从物联网本质上看，物联网是现代信息技术发展到一定阶段出现的一种聚合性应用与技术提升，将各种感知技术、现代网络技术和人工智能与自动化技术集成应用，使人与物智慧对话，创造一个智慧的世界。

2.2 物联网的本质特征及与互联网的区别

2.2.1 物联网的本质特征

从物联网的定义可以看出，和传统的互联网相比，物联网有其鲜明的三个重要本质特征。

1. 全面感知

全面感知就是通过各种类型的传感器实时感知被测物理对象的状态。它是各种感知技术的广泛应用。在物联网里部署了海量的多种类型传感器，每个传感器都是一个信息源，不同类别的传感器所捕获的信息内容和信息格式不同。传感器获得的数据具有实时性，按一定的频率周期性地采集环境信息，不断更新数据。

2. 可靠传递

可靠传递就是通过各种网络与互联网的融合，将物体的信息实时准确地传递出去。它是一种建立在互联网上的泛在网络。物联网技术的重要基础和核心仍旧是互联网，通过各种有线和无线网络与互联网融合，将物体的信息实时准确地传递出去。在物联网上的传感器定时采集的信息需要通过网络传输，由于其数量极其庞大，形成了海量信息，在传输过程中，为了保障数据的正确性和及时性，必须适应各种异构网络和协议。

3．智能处理

智能处理就是利用云计算、模糊识别等各种智能计算技术，对海量的数据和信息分析和处理，以实现对物体智能化控制。物联网不仅仅提供了传感器的连接，其本身也具有智能处理的能力，能够对物体实施智能控制。物联网将传感器和智能处理相结合，利用云计算、模式识别等各种智能技术，扩充其应用领域。从传感器获得的海量信息中分析、加工和处理出有意义的数据，以适应不同用户的不同需求，发现新的应用领域和应用模式。

根据以上对物联网本质特征的概括，可以将图 2-1 所示的物联网以网络形式表示为图2-2。

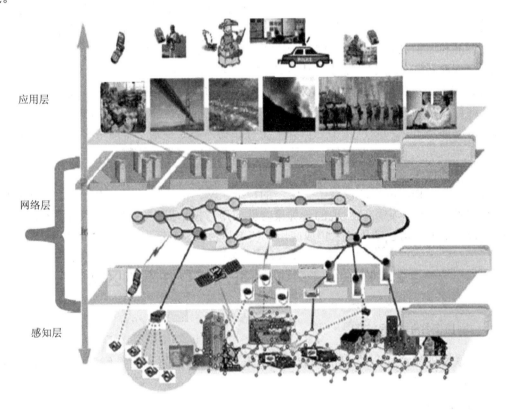

图 2-2　网络形式表示的物联网

2.2.2　物联网与互联网的区别

物联网与互联网具有三方面的区别。

(1) 互联网的结构可分为核心交换部分和边缘部分。核心交换部分由许多路由器互联的广域网、城域网和局域网组成；边缘部分的用户设备常称为端系统。端系统接入的方式有两种：有线接入和无线接入。有线接入方法有三种：一是通过网卡接入局域网，冉进入主干网，最后进入互联网；二是应用 ADSL 接入设备，通过电话交换网接入互联网；三是利用 Modem 接入设备，通过有线电视网接入互联网。无线接入也有三种方法：或用无线网卡接入互联网，或通过无线城域网接入互联网，或通过无线自主网接入互联网。而物联网应用系统是运行在互联网核心交换结构基础上的。

(2) 互联网用户是通过端系统的计算机或手机、PDA 访问互联网以实现各种业务。而物联网中的传感器节点则要通过无线传感器网络的汇聚点接入互联网。若用 RFID 芯片，则通过读写器与控制主机连接，再由主机接入互联网。所以，物联网应用系统是通过传感器网络或 RFID 应用系统接入互联网的。

(3) 从互联网所提供的服务功能来看，主要是实现人与人之间的信息交流与共享，在互联网端节点之间传输的各种文件，都是在人的控制下完成的。而物联网的端系统应用的是传感器、RFID 等，因而物联网感知的数据是从传感器的感知或者 RFID 读写器自动读出的。可见，在系统数据采集方法上，互联网与物联网是有区别的。

2.3 物联网的体系结构及各层的主要技术

从网络的系统架构上，一般将物联网分为感知层、网络层和应用层三层，如图 2-3 所示。

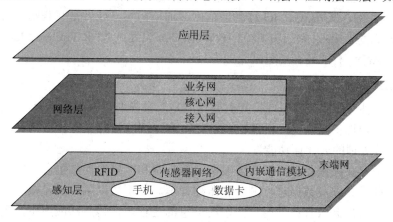

图 2-3 物联网的网络体系架构

1. 感知层

感知层的主要功能是信息感知与采集。感知层包括二维条形码和 RFID 标签等读写设备，温度感应器、声音感应器、振动感应器、压力感应器等各种传感器，麦克风等拾音设备，视频摄像头等图像获取设备，智能化传感器网络节点等，完成物联网应用系统中的数据感知和设施控制。

感知技术是实现物联网的基础。利用射频识别技术、现代新型传感器、智能传感器完成对客观物质世界的感知。射频识别器件(RFID)通过射频信号自动识别目标对象并获取相关数据，识别过程无需人工干预，可应用于各种恶劣的工作环境。各种传感器是节点感知物理世界的感觉器官。传感器不仅可以感知热、力、光、声、电等常规物理量，未来的传感器还可以感知色彩、味道、位移、浓度等参量，传感器为物联网应用系统的处理、传输、分析等提供最原始的数据信息。随着电子技术的不断发展，传统的传感器正逐步实现微型化、智能化、信息化、网络化。未来的传感器正在逐渐演变为智能传感器、嵌入式 Web 传感器、传感器网络的趋势。

2. 网络层

网络层由接入网、核心网、业务网组成。接入网由基站节点或汇聚节点和接入网关等组成，完成末梢各节点的组网控制和数据融合与汇聚，或者完成向末梢节点下发信息转发等功能。也就是在末梢节点之间完成组网后，如果末梢节点需要上传数据，则将数据发送给基站节点，基站节点收到数据后，通过接入网关完成和承载网络的连接；当应用层需要下传数据时，接入网关收到承载网络的数据后，由基站节点将数据发送给末梢节点，从而完成末梢节点与承载网络之间的信息转发和交互。

接入网的功能主要由大量各类传感器节点组成的自治网络传感网来承担。传感网技术是集分布式数据采集、传输和处理于一体的网络系统，具有低成本、微型化、低功耗、适合移动目标的灵活组网方式等特点。物联网正是利用通过分布在各个角落和物体上形形色色的传感器节点以及它们组成的传感网，来感知整个物理世界的。传感网涉及传感网体系结构和底层协议、协同感知技术、自检测自组织能力、传感网数据安全等关键技术。

核心网是网络层的核心承载网络，承担物联网感知层与应用层之间的数据通信任务。主要包括现行的 2G、3G/B3G、4G 移动通信网等通信网络，或者是互联网，或者是无线高保真(WiFi)、无线宽带接入标准 IEEE802.16(WiMAX)、无线城域网(Wireless Metropolitan Area Network，WMAN)，有的场合还包括企业专用网等。

3. 应用层

应用层由各种应用服务器组成，其主要功能是对采集的数据进行汇聚、转换、分析等。应用层还要为用户提供物联网应用的接口，如客户端浏览器等服务。应用层还包括对海量数据进行的智能处理的云计算功能。

因为网络中存在大量冗余数据，会浪费通信带宽和能量消耗，也会降低数据采集效率和及时性，为此，必须对数据进行融合和压缩处理。所谓数据融合，是指将多种数据或信息进行处理，组合出高效且符合用户要求的信息的过程。在传感网应用中，多数情况只关心监测结果，并不需要收到大量原始数据，数据融合是处理这类问题的有效手段。

物联网中有大规模的海量数据需要处理，为了节省成本和实现系统的可扩展性，云计算的概念被提出来。所谓云计算，就是通过网络将庞大的计算处理程序自动分拆成无数个较小的子程序，再交由多个服务器所组成的庞大系统处理后回传给用户。云计算是分布式计算技术的一种，可以从狭义和广义两个角度理解。狭义云计算是指 IT 基础设施的交付和使用模式，指通过网络以按需、易扩散的方式获得所需的资源；广义云计算是指服务的交付和使用模式，指通过网络以按需、易扩散的方式获得所需的服务。这种服务可以是与 IT 软件、互联网相关的，也可以是任意其他的服务，它具有超大规模、虚拟化、可靠安全等独特功效。

思考题与习题

(1) 如何理解物联网的定义和内涵？

(2) 物联网的基本体系结构是什么？

(3) 物联网与互联网有何区别与联系？

第3章 物联网中的感知技术

物联网的目标是感知和连接所有事物并赋予其智能,传感器作为物联网的数据输入端,实现对所连接事物的检测和感知。本章首先介绍射频识别技术的概念,详细分析其系统的电子标签和读写器两个主要部分的原理,并介绍了该技术的应用案例;然后介绍传感器的概念和传感器的分类,着重介绍几个典型的现代网用传感器,包括光纤传感器、红外传感器、超声波传感器的原理;最后给出智能传感器的概念。

3.1 射频识别技术(RFID)原理

3.1.1 RFID 概述

RFID 是 Radio Frequency Identification 的缩写,意为无线电频率识别,或称射频识别亦称射频识别技术。它是利用无线电频率信号,通过空间交变磁场或电磁场的耦合实现无接触信息传递,对带有信息数据的载体进行读写,并自动输入计算机对所传递的信息进行识别的一种自动识别技术。

RFID 技术已经应用在我们的实际生活中,如第二代身份证、门禁卡、公交卡等。RFID技术可识别高速运动物体并可同时识别多个标签,操作快捷方便,与其他的自动识别技术,如条码技术、智能卡技术、语音识别技术、生物识别技术相比,射频识别技术是一种非接触式的自动识别技术,是用于物联网工程中的核心技术。它通过射频信号自动识别目标对象并获取相关数据,识别工作无须人工干预,可工作于各种恶劣环境。基于 RFID 技术的射频识别器件是集标签(Tag)、阅读器(Reader)、天线(Antenna)于一身的微型器件,也称为 RFID。

1. RFID 的基本组成

一套完整的 RFID 系统如图 3-1 所示,是由阅读器(读写器)与电子标签及计算机应用软

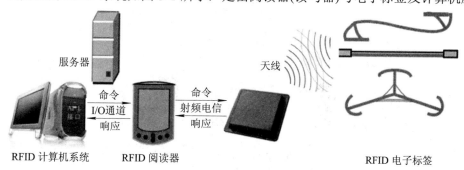

图 3-1 完整的 RFID 系统示意图

件系统三个部分组成的。其工作原理是阅读器发射一个特定频率的无线电波，能量通过天线提供给电子标签，当标签进入磁场后，如果接收到阅读器发出的特殊射频信号，就能凭借感应电流所获得的能量发送出存储在芯片中的产品信息(对于无源标签或被动标签)，或者主动发送某一频率的信号(对于有源标签或主动标签)，阅读器读取信息并解码后，送至计算机系统进行数据处理。

电子标签内部存储着目标物品的各类信息，一般安装在要识别的物品上，其内部的信息可以由读写器通过射频信号的无线传输进行读取和写入。电子标签又称为应答器。应答器是 RFID 系统的信息载体，目前应答器大多是由耦合元件(线圈、微带天线等)和微芯片组成的无源单元。目前各种各样的电子标签如图 3-2 所示。

接触式卡片　　　　　非接触式卡片　　　　　电子标签系列

图 3-2　各种各样的电子标签

阅读器根据使用的结构和技术不同，可以是只读器或读写器，它是 RFID 系统信息控制和处理中心。读写器是利用射频信号从待识别目标读取或向目标写入信息的设备，其主要任务是控制射频模块向标签发射读取信号，并接收标签的应答，对标签的对象标识信息进行解码，将对象标识信息连带标签上其它相关信息传输到主机以供处理。阅读器由主控部分、信号转换部分、射频收发部分等组成，是射频识别系统的核心。阅读器和应答器之间一般采用半双工通信方式进行信息交换，同时阅读器通过耦合给无源应答器提供能量和时序。在实际应用中，可进一步通过以太网(Ethernet)或无线局域网(WLAN)等实现对物体识别信息的采集、处理及远程传送等管理功能。

不同的读写器，其识别距离、消耗功率、天线增益都有很大差别。阅读器又称为读卡器，根据应用场合不同，RFID 读卡器可以是手持式或固定式，接触式或非接触式，如图 3-3 所示。其尺寸最小可以达到 1.6 mm × 1.2 mm × 0.25 mm。当前阅读器成本较高，而且大多只能工作在单一频率点。未来的阅读器的价格将大幅降低，并且支持多个频率点，能自动识别不同频率的标签信息。

图 3-3　接触式和非接触式读卡器

计算机系统在整个 RFID 系统中主要用来分析和存储读写器得到的一些信息，并完成相关的通信功能，读写器和计算机之间一般都留有通信接口，用来进行双向通信。相关数据库存储一些大型数据信息，以备查询和使用。这里值得一提的是 RFID 中间件这一概念，RFID 中间件是介于前端读写器硬件模块与后端数据库和应用软件之间的重要环节，它是 RFID 应用部署运作的中枢。

RFID 电子标签和阅读器工作时所使用的频率称为 RFID 工作频率。目前 RFID 使用的频率跨越低频(LF)、高频(HF)、超高频(UHF)、微波(MW)等多个频段，如图 3-4 所示。RFID 频率的选择影响信号传输的距离、速度等，同时还受到各国法律法规的限制。其相对应的代表性频率分别为：低频 135 kHz 以下(读写距离较短，在 1 m 左右)、高频 13.56 MHz(读写距离在 10 m 左右)、超高频(860～960)MHz(用于远距离识别和快速移动的物体)、微波 2.4 GHz 与 5.8 GHz。生产厂商大多遵循国际电信联盟的规范。目前，RFID 使用的频率有 6 种，分别为 135 kHz、13.56 MHz、(43.3～92)MHz、(860～930)MHz(即 UHF)、2.45 GHz 以及 5.8 GHz。

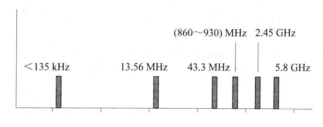

图 3-4　RFID 的工作频率

RFID 电子标签和阅读器的工作频率不仅取决于射频识别系统的工作原理(即通过电感耦合还是通过电磁耦合，两种耦合方式导致识别距离不同)，而且还取决于电子标签和阅读器的技术实现的难易程度和成本，因此，应该根据具体使用场合选择相应的工作频率。

2. 电子标签的分类

RFID 按照能源的供给方式分为无源电子标签、有源电子标签、半无源电子标签三种。

无源 RFID 标签本身不带电池，需要外界提供能量才能工作，即其发射电波及内部处理器所要的能量均来自阅读器，阅读器在发出电磁波的同时，将部分电磁能量转化为供电子标签工作的能量，所以无源标签又称为被动式标签。无源电子标签产生电能的装置是天线和线圈，只有当天线和线圈进入 RFID 阅读器的工作区域时，天线才能接收到特定的电磁波，线圈才会产生感应电流，经过整流和稳压后作为电子标签的工作电压。因此，无源电子标签电能较弱，数据传输距离和信号强度受到限制。但由于被动式标签结构简单、经济实用，因而获得广泛的应用。无源 RFID 主要使用 135 kHz、13.56 MHz 这两种频率。

有源标签通常由内置电池供电，它利用自身的射频能量主动地向读写器发送数据信号，因而又称为主动式标签。有源标签的工作电源完全由内部电池供给，同时标签电池的能量供应也部分地转换为标签与阅读器通信所需的射频能量。主动式标签在阅读器没有询问时，进入休眠状态或低功耗状态，当阅读器询问时，电子标签被唤醒并发送数据，这样可以减少电池消耗，也可减少电磁辐射噪声。有源电子标签工作因其电能充足，信号传输距离较远，一般在 30 m 以上，适用于远距离读写的应用场合。但有源电子标签成本要更高一些，且随着标签内电池的消耗，数据传输距离变短，可能会影响系统的工作。

半无源标签内装有电池，但电池仅对标签内要求供电维持数据的电路或标签芯片工作所需的电压作辅助支持，标签电路本身耗电很少。半无源标签未进入工作状态时，一直处于休眠状态，相当于无源标签。标签进入阅读器的阅读范围时，受到阅读器发出的射频能量的激励，进入工作状态，用于传输通信的射频能量与无源标签一样源自阅读器。

3.1.2 RFID 组成结构与工作原理

如前所述，RFID 系统一般由阅读器(读写器)、电子标签、计算机系统组成，如图 3-5 所示。在具体的应用中，根据不同的应用目的和应用环境，RFID 系统的组成会有所不同，但一般都由信号发射机、信号接收机、发射接收天线等部分组成。

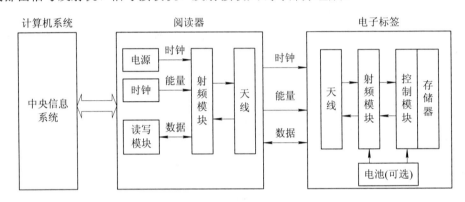

图 3-5   RFID 系统组成

由图 3-5 可见，阅读器和标签之间要完成能量(对于无源标签)、时钟、数据三种传输。对于无源的电子标签，需要阅读器产生的射频载波为其提供工作能量。阅读器和电子标签之间的信息交互一般采用询问—应答方式实现，需要阅读器提供时序信号。阅读器和电子标签之间采用载波调制、脉冲调制、编码调制等多种数字调制方式实现双向数据交换。

RFID 电子标签由天线、射频模块、控制模块、存储器、电池(有源标签)等组成，见图 3-5 的电子标签部分。天线是电子标签的信号入口，用来接收由阅读器传送过来的信号，并把所要求的数据传送给阅读器。天线和谐振电容组成谐振回路，该调谐回路工作在阅读器的载波频率以获得最佳性能；射频模块完成对接收数据的基带解码和对发送数据的基带编码、基带信号的调制和解调、射频信号放大和处理等；控制模块完成对读写数据的解码和编码，并控制其读出和写入。存储器保存被识别物体的相关数据信息，包括 **RFID** 电子标签的唯一电子编码。对于无源电子标签，还需要一个交流—直流转变电路，这个电路把阅读器送过来的射频信号转换成直流电源，并经大电容储存能量，再经稳压电路以提供给电子标签稳定的工作电源。

RFID 阅读器是 **RFID** 系统信息控制和处理中心。阅读器通常由天线耦合模块、射频收发模块、读写控制模块和电源、时钟等组成，见图 3-5 的阅读器部分。阅读器通过天线发送射频载波，给电子标签提供命令信息和能量，同时接收电子标签发射回来的携带信息的射频载波，天线形成的电磁场的范围就是 **RFID** 射频识别系统的可读区域；射频模块一般由射频振荡器、射频发射器、射频接收器、射频放大器等组成，完成射频信号处理，包括产生射频能量激活无源电子标签，将阅读器要发送给电子标签的命令调制成为射频信号经天线发射，将电子标签返回的携带数据的射频信号解调；读写控制模块一方面对射频模块传输的信号进行解码、纠错、加密、解密和编码，另一方面和信息处理系统进行通信，执行信息系统的命令。在实际应用中，阅读器可进一步通过以太网(Ethernet)或无线局域网(WLAN)等实现对物体识别信息的采集、处理及远程传送等管理功能；电源给阅读器提供工作能量，并且通过电磁感应方式给无源电子标签提供工作能量；时钟电路则为 RFID 阅读器在通信过程中提供同步时钟信号。

3.1.3　阅读器和标签的信息传递的基本原理

RFID 阅读器及电子标签之间的通信及能量感应方式可以分成电感耦合方式和反向散射耦合方式两种。电感耦合通过空间高频交变磁场实现耦合，它依据的是电磁感应定律，而反向散射耦合则利用雷达中发射的电磁波遇到目标后反射而携带回目标信息原理实现信息传递。一般低频的 RFID 大多采用第一种方式，而较高频的 RFID 大多采用第二种方式。

电感耦合的电路如图 3-6 所示。无源电子标签一般工作在电感耦合方式，图中的 U_s 是射频振荡器，即射频辐射源。阅读器的天线就是电感 L_1，电感 L_1 和电容 C_1 组成的谐振电路谐振于 U_s 的工作频率上，此时，电感线圈中 i 的电流最大，高频电流 i 产生的磁场 H 穿过线圈，并有一部分磁力线穿过电子标签(应答器)的电感线圈 L_2，通过感应在 L_2 上产生电压 u_2，将 U_2 整流给大电容 C_3 充电，即可产生电子标签工作所需的直流电压。

电感线圈 L_1 和 L_2 也可视为变压器的初级、次级线圈，但它们之间的耦合很弱，主要用于小电流电路。电感耦合方式一般适合于中、低频工作的近距离射频识别系统，识别作用距离小于 1 m。

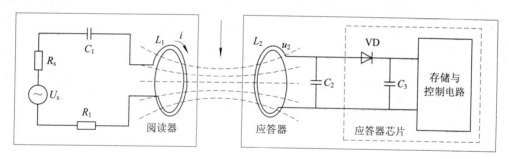

图 3-6　电感耦合方式的电路组成

雷达原理为反向散射耦合方式提供理论依据。在雷达系统中，发射的电磁波在空中遇到物体时，其能量的一部分被目标所吸收，而另一部分被散射到各个方向。在散射的能量中又有一小部分被发射的天线所接收，通过对接收的回波信号分析，就可以得到有关反射目标的有关信息。目标反射电磁波的效率通常随频率的升高而增强，所以，反向散射耦合方式一般适合于特高频、超高频和微波工作频段，阅读器和电子标签的距离大于 1 m 的远距离射频识别系统。图 3-7 给出了反向散射耦合方式的电路。

不管是哪种耦合方式，空中的无线传输是通过天线的发送和接收完成的。在发送时，天线向空中介质辐射电磁能量，而接收时，天线从周围介质中检测出电磁波，因此，天线产生的信号的方向性是关键属性。一般来说，低频段信号是全方向性的，能量向四面八方辐射，而在高频段只有聚焦成为有方向性的波束才能有效传播，因此，高频天线的设计是

RFID 射频识别系统的关键技术。

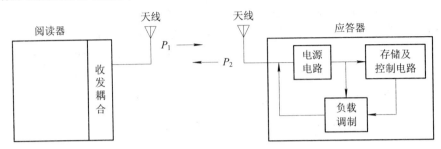

图 3-7　反向散射耦合方式的电路

RFID 应用支撑软件除了标签和阅读器上运行的软件外,介于阅读器与互联网之间的中间件是其中的一个重要组成部分。该中间件为具体应用提供一系列计算功能,在电子产品编码(Electronic Product Code,EPC)规范中被称为 Savant。Savant 定义了阅读器和应用两个接口,其主要任务是对阅读器读取的标签数据进行过滤、汇集和计算,减少从阅读器传往企业应用的数据量。同时 Savant 还提供与其他 RFID 支撑系统进行互操作的功能。

3.1.4　RFID 的安全性

1. 安全性

从安全性考虑,一个完善的 RFID 工作系统应该具有保密性、真实性、完整性和可用性。

1) 保密性

RFID 电子标签中包含许多生产者和消费者的信息和隐私,这些数据一旦被攻击者取得,商业各方的隐私权将无法得到保障。因此,电子标签不能向未授权读写器泄漏任何敏感信息。

2) 真实性

在 RFID 系统的许多应用中,电子标签的身份认证是非常重要的。因为不法者可以伪造电子标签,也可以通过某种方法隐藏标签,使读写器无法识别真标签,从而实施物品转移或使电子标签失去作用。

3) 完整性

在 RFID 的通信、传输过程中,通常使用消息认证来进行数据完整性的检验。数据的完整性能够保证接收者得到的信息在传输过程中没有被攻击者替换或篡改,也不能因故障自行丢失信息。

4) 可用性

一个合理的 RFID 方案,其安全协议和算法的设计不应过于复杂,应尽可能减少用户密钥计算开销。它所提供的各种服务能被授权者方便使用。能有效防止非法者攻击。要尽量减少能耗。

2. 安全风险

在 RFID 系统设计中必须注意以下安全风险。

1) RFID 自身的访问缺陷

成本低廉的标签很难具备保证安全的能力,非法用户可以用合法的读写器与标签进行通信，容易获取标签内的所有数据。

2) 通信链路的安全问题

与有线连接不同的是，RFID 的数据通信是无线链路，无线传输的信号是开放的，这就给非法用户带来了侦听的可能，即所谓通信侵入。

3) 读写器内部的安全风险

RFID 所遇到的安全问题要比通常计算机网络的安全问题复杂得多。因为在其读写器中，除了中间件完成数据的传输选择、时间过滤和管理外，它只能提供用户业务接口，而不能提供让用户自行提升安全性能的接口。

为了预防以上风险，应当加强访问控制、标签控制和消息加密。

3.2 RFID 应用实例

RFID 应用系统主要分为 EAS(电子产品防护)系统、便携式数据采集系统、网络系统和定位系统四种类别。EAS 系统是一种设置在需要控制物品出入门口的 RFID 系统；便携式数据采集系统是使用带有 RFID 阅读器的手持式数据采集器来采集 RFID 标签上的数据；在网络系统中，固定布置的 RFID 阅读器分散布置在给定的区域，阅读器直接与数据管理信息系统相连，信号发射机一般安装在移动的物体和人身上；定位系统用于对车辆、船舶等运动体进行定位。

RFID 技术的典型应用包括：① 商业流通和供应管理；② 生产制造和装配；③ 航空行李处理；④ 邮件/快运包裹处理；⑤ 文档追踪/图书馆管理；⑥ 食品安全与检测；⑦ 危险品管理与运输；⑧ 医疗卫生管理；⑨ 城市一卡通；⑩ 门禁控制/电子门票；⑪ 道路自动收费。

下面给出一个基于 RFID 的仓储系统应用实例。

产品入库时，在成品包装车间，工人先将 RFID 电子标签贴在产品上，成批装箱后贴上箱标，需打托盘的也可在打完托盘后贴上托盘标，如图 3-8 所示。

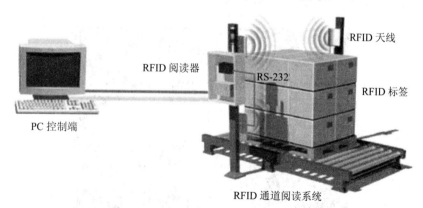

图 3-8 贴有 RFID 电子标签的产品入库

包装好的产品由装卸工具经由 RFID 阅读器与天线组成的通道进行入库。RFID 设备自动获取入库数量并记录于系统，如贴有托盘标的，每托盘货物信息通过进货口读写器写入托盘标，同时形成订单数据关联，通过计算机仓储管理信息系统运算出库位，通过网络系统将存货指令发到仓库客户端(或叉车车载系统)，叉车员按照要求存放到相应库位。入库完成后，系统更新库存资料，并标注各批次货物的库位信息。

出库时，物流部门的发货人根据销售要求的发货单生成出库单：即根据出库优先级(比如生产日期靠前的优先出库)向仓库查询出库货物存储仓位及库存状态，如有客户指定批号则按指定批号查询，并生成出库货物提货仓位及相应托盘所属货物和装货车辆。领货人携出库单至仓库管理员，仓管员核对信息并安排叉车司机执行对应产品出库。叉车提货经过出口闸，出口闸 RFID 阅读器读取托盘上的托盘标获取出库信息，并核实出货产品与出库单中列出产品批号与库位是否正确。出库完毕后，仓储终端提示出库详细供管理员确认，并自动更新资料到数据库，如图 3-9 所示。

图 3-9　贴有 RFID 电子标签的产品出库

盘库时，工作人员可采用手持阅读器定期盘库，近距离读取货物标签信息，并与后台管理系统比对，人工盘点库位货物品种、数量、生产日期是否与后台系统一致。如不一致，可现场对系统信息进行修正。此盘库方式可将企业盘库时间缩短 85%，大大提高了工作效率，同时还可增加盘库的周期，如图 3-10 所示。

图 3-10　贴有 RFID 电子标签的产品的盘库

3.3　现代传感器简介

在物联网系统的感知技术中，除了 RFID 外，还广泛应用着各种传感器。传感器通过物理的、化学的、生物等方式或手段，能够探测或感受外界的物理或化学信号变化，并将探知的信息传递给其他的测量装置。一般将物理量的变化转换成一种便于处理的电量形式，故传感器本质作用是将一种能量转换成另一种能量形式。传感器也称为换能器。形形色色的传感器如图 3-11 所示。

图 3-11　形形色色的传感器

根据传感器工作原理，可将传感器分为物理传感器和化学传感器。物理传感器应用如压电、磁致伸缩、热电、光电、磁电等物理效应，将被测信号量的微小变化转换成电信号。而化学传感器则利用化学吸附、电化学反应等化学现象，将被测信号量的微小变化转换成电信号。目前，大多数传感器以物理原理为基础。

按照传感器的用途，可分为压力敏和力敏传感器、位置传感器、液面传感器、能耗传感器、速度传感器、热敏传感器、加速度传感器、射线辐射传感器、湿敏传感器、磁敏传感器、气敏传感器、真空度传感器、生物传感器等。

按照传感器的制造工艺，可以将传感器区分为集成传感器、薄膜传感器、厚膜传感器、陶瓷传感器。集成传感器用标准生产硅基半导体集成电路工艺技术制造；薄膜传感器通过沉积在介质基板上的敏感材料的薄膜形成；厚膜传感器利用材料的浆料涂覆在陶瓷基片上制成；陶瓷传感器采用标准的陶瓷工艺或其某种变种工艺生产。

3.3.1　光纤传感器

光纤传感器如图 3-12 所示，它是近年出现的新型器件，可以测量多种物理量，如声场、电场、压力、温度、角速度、加速度等，还可以在恶劣的环境中完成现有的测量技术难以完成的测量任务，如在狭小的空间里、在强电磁干扰下、在高电压的环境里，光纤传感器都显示出了独特的能力。

图 3-12　光纤传感器

光纤传感器分为两大类。一类是利用光纤本身的某种敏感特性或功能制成的传感器，称为传感型(功能型)传感器；另一类是光纤仅仅起传输光波的作用，必须在光纤端面或中间加装其他敏感元件才能构成的传感器，这类称为传光型(非功能型)传感器。

功能型的光纤传感器是利用光纤对环境变化的敏感性，将输入物理量变换为调制的光信号。其工作原理基于光纤的光调制效应，即光纤在外界环境因素，如温度、压力、电场、磁场等改变时，其传光特性，如相位与光强，会发生变化的现象。因此，如果能测出通过光纤的光相位、光强变化，就可以知道被测物理量的变化。

光纤光栅是利用光纤材料的光敏性，通过紫外光曝光的方法将入射光相干场图样写入纤芯，在纤芯内产生沿纤芯轴向的折射率周期性变化，从而形成永久性空间的相位光栅。如图 3-13 所示，其作用实质上是在纤芯内形成一个窄带的(透射或反射)滤波器或反射镜。当一束宽光谱光经过光纤光栅时，满足光纤光栅布拉格条件的波长将产生反射，其余的波长透过光纤光栅继续传输，反射波长和光栅周期的关系为 $\lambda = 2n\Lambda$，其中，n 为光纤芯的折射率，Λ 为光栅的周期。

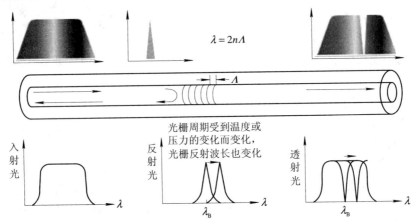

图 3-13　光纤光栅传感器的工作原理

光纤声传感器就是一种利用光纤自身的传感器。当光纤受到一点很微小的外力作用时，就会产生微弯曲，而其传光能力发生很大的变化。声音是一种机械波，它对光纤的作用就是使光纤受力并产生弯曲，通过弯曲就能够得到声音的强弱。

根据被测参量的不同，光纤传感器又可分为位移、压力、温度、流量、速度、加速度、震动、应变、电压、电流、磁场、化学量、生物量等各种光纤传感器。目前已经使用的光纤传感器可测量物理量达 70 多种。

光纤具有很多优异的性能，例如：抗电磁干扰和原子辐射的性能；径细、质软、重量轻的材质性能；绝缘、无感应的电气性能；耐水、耐高温、耐腐蚀的化学性能等。它能够在人达不到的地方(如高温区)，或者对人有害的地区(如核辐射区)，起到人的耳目的作用，而且还能超越人的生理极限，接收人的感官所感受不到的外界信息。光纤凭借着光纤的优异性能而得到广泛的应用，成为传感器家族中的后起之秀，在各种不同的测量中发挥着自己独到的作用。

3.3.2　红外传感器

红外传感器也是一种现代新型传感器。它是利用红外线为介质的测量系统，是将红外辐射能转换成电能的一种光敏器件，通常称为红外探测器。按照探测机理可分为光子探测器和热探测器。光子探测器是利用某些半导体材料在红外辐射下产生光子效应，使材料的电学性质发生变化，通过测量电学性质的变化，可以确定红外辐射的强弱。热探测器是利用入射红外辐射引起敏感元件的温度变化，进而使其有关物理参数发生相应的变化，通过测量有关物理参数的变化可确定探测器所吸收的红外辐射。

由一种高热电系数的材料制成探测元件，在热释电红外探测器内装入一个或两个探测元件，并将两个探测元件以反极性串联，以抑制由于自身温度升高而产生的干扰。由探测元件将探测并接收到的红外辐射转变成微弱的电压信号，经装在探头内的场效应管放大后向外输出。由于人体辐射的红外线中心波长为(9~10)μm，而探测元件的波长灵敏度在(0.2~20)μm 范围内几乎稳定不变。在传感器顶端开设装有滤光镜片的窗口，这个滤光片可通过波长范围为(7~10)μm 的光，正好适合于人体红外辐射的探测，而对其它波长的红外线由滤光片予以吸收。红外探测元件和装有滤光片的红外传感器如图 3-14 所示。

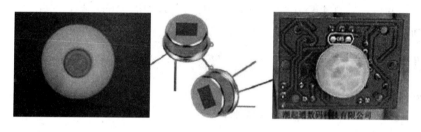

图 3-14　红外探测元件和装有滤光片的红外传感器

热释电红外传感器是利用温度变化的特征来探测红外线的辐射，采用双灵敏元互补的方法抑制温度变化产生的干扰，提高了传感器的工作稳定性。其产品应用广泛，例如，保险装置，防盗报警器，感应门，自动灯具，智能玩具等。

人体都有恒定的体温，一般在 37℃，所以会发出特定波长 10 μm 左右的红外线，被动式红外探头就是靠探测人体发射的 10 μm 左右的红外线而进行工作的。人体发射的 10 μm 左右的红外线通过菲涅尔滤光片增强后聚集到红外感应源上。红外感应源通常采用热释电元件，这种元件在接收到人体红外辐射温度发生变化时就会失去电荷平衡，向外释放电荷，后续电路经检测处理后就能产生报警信号。一旦人侵入探测区域内，人体红外辐射通过部分镜面聚焦，并被热释电元接收，但是两片热释电元接收到的热量不同，热释电也不同，不能抵消，经信号处理而报警。体温测量与报警系统如图 3-15 所示。

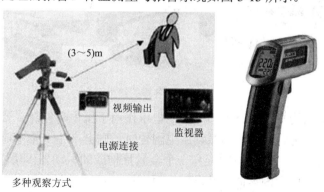

图 3-15　人体体温测量与报警系统

红外无损探伤仪可以在对部件结构无任何损伤前提下检查部件内部缺陷。例如利用红外辐射探伤仪能检查两块金属板的焊接质量；利用红外探伤仪可检测金属材料的内部裂缝。当红外辐射扫描器连续发射一定波长的红外光通过金属板时，在金属板另一侧的红外接收器也同时连续接收到经过金属板衰减的红外光；如果金属板内部无断裂，辐射扫描器在扫描过程中，红外接收器收到的是等量的红外辐射；如果金属板内部存在断裂，则红外接收器辐射扫描器在扫描到断裂处时所接收到的红外辐射值与其他地方的不一致，利用图像处理技术，就可以显示出金属板内部缺陷的形状。

红外气体分析仪基于如下原理：红外线对不同浓度组分的气体，其吸收的辐射能量不同，则剩下的辐射能使检测器里的温度升高不同，导致动片薄膜两边所受的压力不同，从而产生一个电容检测器的电信号，就可间接测量出待分析组分的浓度。例如，二氧化碳对于波长为 2.7 μm、4.33 μm 和 14.5 μm 红外光吸收相当强烈，且吸收谱相当宽，即存在吸收带。根据实验分析，只有 4.33 μm 吸收带不受大气中其他成分的影响，因此，可以利用这个吸收带来判别大气中的 CO_2 的含量。

3.3.3 超声波传感器

超声波是一种频率高于 20 kHz 声波的机械波，这个频率由换能晶片在电压的激励下发生振动产生。超声波具有频率高、波长短、绕射现象小的特点，尤其是方向性好、能够成为射线而定向传播。

超声波传感器也是一种现代新型传感器。它以超声波作为检测手段，习惯上称为超声换能器或者超声探头。超声波探头主要由压电晶片组成，既可以发射超声波，也可以接收超声波。小功率超声探头多作探测作用。它有许多不同的结构，可分为直探头(纵波)、斜探头(横波)、表面波探头(表面波)、兰姆波探头(兰姆波)、双探头(一个探头反射、一个探头接收)等。各种各样的超声探头如图 3-16 所示。

图 3-16　各种各样的超声探头

超声波传感器结构与工作原理如下：当电压作用于压电陶瓷时，就会随电压和频率的变化产生机械变形，另一方面，当振动压电陶瓷时，则会产生一个电荷。利用这一原理，当给由两片压电陶瓷或一片压电陶瓷和一个金属片构成的振动器(即所谓双压电晶片元件)施加一个电信号时，就会因弯曲振动发射出超声波。相反，当向双压电晶片元件施加超声振动时，就会产生一个电信号。基于以上机理，便可以将压电陶瓷用作超声波传感器。

超声波在医学上的应用主要是诊断疾病，它已经成为了临床医学中不可缺少的诊断方法。超声波诊断因其具有使受检者无痛苦、无损害，方法简便，显像清晰，诊断的准确率高等特点而受到医务工作者和患者的欢迎。超声波诊断可以基于不同的医学原理，其中有代表性的一种所谓的利用超声波的反射 A 型方法。这种方法是当超声波在人体组织中传播遇到两层声阻抗不同的介质界面时，在该界面就会产生反射回声。每遇到一个反射面时，回声在示波器的屏幕上显示出来，而两个界面的阻抗差值也决定了回声的振幅的高低。

超声波传感器具有频率高、波长短、绕射现象小，特别是方向性好、能够成为射线而定向传播等特点。此外，超声波对液体、固体的穿透本领很大，尤其是在阳光下不透明的固体中，它可穿透几十米的深度。超声波碰到杂质或分界面时会产生显著反射而形成反射回波，碰到活动物体能产生多普勒效应。因此超声波检测广泛应用在工业、国防、生物医学等方面。超声波传感器悄无声息地探测人们所需要的信号。在未来的应用中，超声波与信息技术、新材料技术结合起来，将出现更多的智能化、高灵敏度的超声波传感器。

3.4 智能传感器

目前，压阻式压力传感器已得到广泛的应用，但其测量准确度受到非线性和温度的影响，很难用于高精确度测量。利用计算机对非线性和温度变化产生的误差进行修正，对其进行智能处理后，可取得非常满意的效果。如在环境温度变化为(10~60)℃的范围内，压阻式压力传感器的精确度几乎保持不变。

智能传感器就是具有信息处理功能的传感器。智能传感器带有微处理机，具有采集、处理、交换信息的能力，是传感器集成化与微处理机相结合的产物。智能传感器系统基于现代综合技术和当今世界正在迅速发展的高新技术，至今还没有形成规范化的定义。早期，人们简单、机械地强调在工艺上将传感器与微处理器两者紧密结合，认为"传感器的敏感元件及其信号调理电路与微处理器集成在一块芯片上就是智能传感器"。关于智能传感器的中、英文称谓，目前也尚未统一。John Brignell 和 Nell White 认为 "Intelligent Sensor" 是英国人对智能传感器的称谓，而 "Smart Sensor" 是美国人对智能传感器的俗称。

概括而言，智能传感器的主要功能是：

(1) 具有自校零、自标定、自校正功能；

(2) 具有自动补偿功能；

(3) 能够自动采集数据，并对数据进行预处理；

(4) 能够自动进行检验、自选量程、自寻故障；

(5) 具有数据存储、记忆与信息处理功能；

(6) 具有双向通信、标准化数字输出或者符号输出功能；

(7) 具有判断、决策处理功能。

目前，智能传感器的发展还处于开始阶段，由几块相互独立模块电路与传感器组装在同一壳体里，便构成智能式传感器。未来智能式传感器应该是传感器、信号调理电路和微型计算机等集成在同一芯片上，成为超大规模集成化的高级智能式传感器。它是将敏感元件、信号变换、运算、记忆和传输功能部件分层次集成在一块半导体硅片上，构成多功能三维智能传感器。

在智能传感器的基础上，传感器输出信号从有线向无线发展。最后我们以测温系统为例，展望传感技术"有线"向"无线"发展的趋势。

传统的温度测量通常采用带有电缆的有线连接方式，但对于有些场合，如旋转或移动物体的温度测量，环境恶劣使人员无法涉足之处，不宜采用有线的环境，随着智能温度传感器的应用，并从节省布线成本考虑，测温技术开始从"有线"向"无线"发展。

采用无源声表面波谐振器的无线温度测量虚拟仪器系统如图 3-17 所示，引入信号处理方法和反馈控制，降低了系统成本，提高了测量精度和测量距离，结合通用计算机平台和数据 I/O 板卡，通过软件进行灵活控制，可根据不同环境以及测量过程自动调节测量参数，实现自适应检测。当发射功率为 100 mW 时，无线检测距离为 4 m 处，谐振频率重复测量的不确定度约为 0.09 kHz，3 m 处对温度测量灵敏度的不确定度约为 0.1℃。

图 3-17 无线测温系统

无线巡回检测系统对于安装在现场的传感器测得的数据，不用巡检人员到现场目测或记录，而是通过无线数据收集系统，对带有无线传输模式的现场用传感器进行无线巡回检测。这种检测系统对于危险场所及高空部位的检测将十分方便。

思考题与习题

(1) RFID 的特点是什么？对于不同的环境或对象应如何选取 RFID？

(2) 你能应用 RFID 设计一个医院"一卡通"物联网系统吗？

(3) 如何防范 RFID 的安全风险？

(4) 试比较几种传感器的特点。Soc 是一种新型传感器，请查阅有关资料了解其特点。

第4章 物联网的网络通信技术

除了 RFID 之外，网络通信技术也是物联网的核心技术之一。在物联网系统中，需要运用多种无线通信技术。其中，短距离无线通信是在较小的区域内(数百米)提供无线通信的技术，它以无线个域网(Wireless Personal Area, WPA)应用为核心特征。随着 RFID 技术、ZigBee 技术、蓝牙技术、无线高保真(WiFi)技术以及超宽带(UWB)技术等低、高速无线应用技术的发展，短距离无线通信正深入到通信应用的各个领域，显现出广阔的应用前景。本章主要介绍 ZigBee 技术、移动通信和传感器网络的概念。

4.1 短距离无线通信技术——ZigBee

ZigBee 是最近提出的一种近距离、低复杂度、低功耗、低数据速率、低成本的双向无线通信技术，主要适用于无线数据采集、无线工业控制、消防电子设备、家庭和楼宇自动化以及远程网络控制领域，是为了满足小型廉价设备的无线联网和控制而制定的。

4.1.1 ZigBee 技术概述

ZigBee 是 IEEE 802.15.4 技术的商业名称，其前身是"HomeRFlite"技术。该技术的核心协议由 2000 年 12 月成立的 IEEE 802.15.4 工作组制定，高层应用、互联互通测试和市场推广由 2002 年 8 月组建的 ZigBee 联盟负责。ZigBee 联盟由英国 Invensys 公司、日本三菱电气公司、美国摩托罗拉公司以及荷兰飞利浦半导体公司等组成，已经吸引了上百家芯片公司、无线设备开发商和制造商加入。同时，IEEE 802.15.4 标准也受到了其他标准化组织的注意，例如 IEEE1451 工作组正在考虑在 IEEE 802.15.4 标准的基础上实现传感器网络(Sensor Network)。

有别于 GSM、GPRS 等广域无线通信技术以及 IEEE 802.1la、IEEE 802.11b 等无线局域网技术，ZigBee 的有效通信距离在几米到几十米之间，属于个人区域网络(Personal Area Network，PAN)的范畴。IEEE 802 委员会制定了三种无线 PAN 技术：适合多媒体应用的高速标准 IEEE 802.15.3；基于蓝牙技术，适合话音和中等速率数据通信的 IEEE 802.15.1；适合无线控制和自动化应用的较低速率的 IEEE 802.15.4，也就是 ZigBee 技术。得益于较低的通信速率以及成熟的无线芯片技术，ZigBee 设备的复杂度、功耗和成本等均较低，适于嵌入到各种电子设备中，服务于无线控制和低速率数据传输等业务。

典型无线传感器网络 ZigBee 协议栈结构是基于标准的开放式系统互联(OSI)七层模型，但是仅定义了那些相关实现预期市场空间功能的层。IEEE 802.15.4-2003 标准定义了两个较低层:物理层(PHY)和媒体访问控制子层(MAC)。ZigBee联盟在此基础上建立了网络层(NWK)和应用层构架。应用层构架由应用支持子层(APS)、ZigBee设备对象(ZDO)和制造商定义的应用对象组成。

典型无线传感器网络ZigBee网络层(NWK)支持星型、树型和网状型网络拓扑,如图4-1所示。

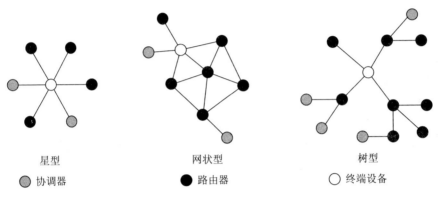

星型	网状型	树型
◔ 协调器	● 路由器	○ 终端设备

图4-1 网络拓扑

在星型拓扑中,网络由一个叫做ZigBee协调器的设备控制。ZigBee协调器负责发起和维护网络中的设备,以及所有其它设备,称为终端设备,直接与ZigBee协调器通信。在网状和树型拓扑中,ZigBee协调器负责启动网络,选择某些关键的网络参数,但是网络可以通过使用ZigBee路由器进行扩展。

在树型网络中,路由器使用一个分级路由策略在网络中传送数据和控制信息。树型网络可以使用IEEE 802.15.4-2003规范中描述的以信标为导向的通信。网状网络允许完全的点对点通信。

网状网络中的ZigBee路由器不会定期发出IEEE 802.15.4-2003信标。本规范仅描述了内部PAN网络,即通信开始和终止都是在同一个网络。

ZigBee传感器网络的节点、路由器、网关都是以一个单片机和与ZigBee兼容的无线收发器构成的硬件为基础或者仅是一个与ZigBee兼容的无线单片机(例如CC2530),再加上一套内部运行的一套软件来实现。这套软件由C语言代码写成,大约有数十万行。这个协议栈(软件)和硬件基础如图4-2所示。

相对于常见的无线通信标准,ZigBee协议栈紧凑而简单,其具体实现的要求很低。8位处理器(如80C51,再配上4 K(B) ROM和64 K(B) RAM等就可以满足其最低需要,从而大大降低了芯片的成本。完整的ZigBee协议栈模型如图4-2所示。

ZigBee协议栈由高层应用规范、应用汇聚层、网络层、数据链路层和物理层组成。网络层以上的协议由ZigBee联盟负责,IEEE制定物理层和数据链路层标准,应用汇聚层把不同的应用映射到ZigBee网络上,主要包括安全属性设置、多个业务数据流的汇聚等功能。网络层将采用基于Ad hoc技术的路由协议,除了包含通用的网络层功能外,还应该同底层的JEEE 802.15.4标准同样省电;另外,还应实现网络的自组织和自维护,以最大程度方便消费者的使用,降低网络的维护成本。

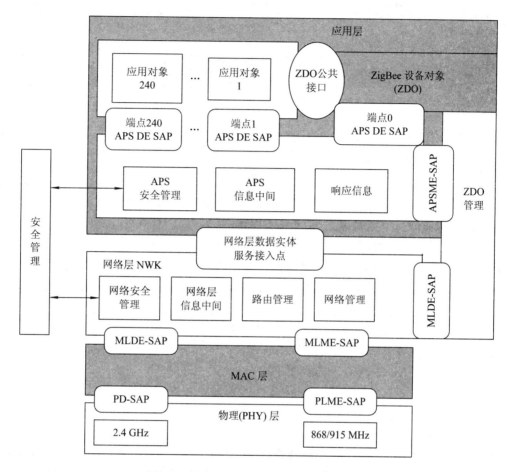

图4-2 ZigBee 协议栈和硬件基础结构体系

4.1.2 ZigBee 物理层

IEEE 802.15.4 定义了两个物理层标准,分别是 2.4 GHz 物理层和 868/915 MHz 物理层。两个物理层都基于直接序列扩频(DSSS:Direct Sequence Spread Spectrum)技术,使用相同的物理层数据包格式,区别在于工作频率、调制技术、扩频码片长度和传输速率的不同。

2.4 GHz 波段为全球统一、无需申请的 ISM 频段,有助于 ZigBee 设备的推广和生产成本的降低。2.4 GHz 的物理层通过采用 16 相调制技术,能够提供 250 kb/s 的传输速率,从而提高了数据吞吐量,减小了通信时延,缩短了数据收发的时间,因此更加省电。

868 MHz 是欧洲附加的 ISM 频段,915 MHz 是美国附加的 ISM 频段,工作在这两个频段上的ZigBee 设备避开了来自2.4 GHz 频段中其他无线通信设备和家用电器的无线电干扰,868 MHz 上的传输速率为 20 kb/s,916 MHz 上的传输速率则是 40 kb/s。由于这两个频段上无线信号的传播损耗和所受到的无线电干扰均较小,因此可以降低列接收机灵敏度的要求,获得较大的有效通信距离,从而使用较少的设备即可覆盖整个区域。

ZigBee 使用的无线信道由表 4.1 确定。从中可以看出,ZigBee 使用的三个频段定义了27 个物理信道,其中 868 MHz 频段定义了 1 个信道;915 MHz 频段附近定义了 10 个信道,信道间隔为 2 MHz; 2.4 GHz 频段定义了 16 个信道, 信道间隔为 5 MHz, 较大的信道间隔有助于简化收发滤波器的设计。

表 4.1 ZigBee 无线信道的组成

信道编号	中心频率/MHz	信道间隔/MHz	频率上限/MHz	频率下限/MHz
$k = 0$	868.3		868.6	868.0
$k = 1, 2, \cdots, 10$	$906+2(k-1)$	2	928.0	902.0
$k = 1, 2, \cdots, 26$	$2405+5(k-11)$	5	2483.5	2400.0

图 4-3 给出了物理层数据包的格式, ZigBee 物理层数据包由同步包头、物理层包头和净荷三部分组成。同步包头由前导码和数据包定界符组成, 用于获取符号同步、扩频码同步和帧同步, 也有助于粗略的频率调整。物理层包头指示净荷部分的长度, 净荷部分含有MAC 层数据包, 净荷部分最大长度是 127 B。

4 B	1 B	1 B		变量
前同步码	帧定界符	帧长度 (7 bit)	预留位 (1 bit)	PSDU
同步包头		物理层包头		物理层净荷

图 4-3 物理层数据包格式

4.1.3 ZigBee 数据链路层

IEEE 802 系列标准把数据链路层分成逻辑链路控制(Logical Link Control, LLC)和 MAC 两个子层。LLC 子层在 IEEE 802.6 标准中定义, 为 802 标准系列所共用; 而 MAC 子层协议则依赖于各自的物理层。IEEE 802.15.4 的 MAC 子层能支持多种 LLC 标准, 通过业务相关汇聚子层(Service-Specific ConvergeIlce Sublayer, SSCS)协议承载 IEEE 802.2 协议中第一种类型的 LLC 标准, 同时也允许其他 LLC 标准直接使用 IEEE 802.15.4 MAC 子层的服务。

LLC 子层的主要功能是进行数据包的分段与重组以及确保数据包按顺序传输。IEEE 802.15.4 MAC 子层的功能包括设备间无线链路的建立、维护和断开, 确认模式的帧传送与接收, 信道接入与控制, 帧校验与快速自动请求重发(ARQ), 预留时隙管理以及广播信息管理等。MAC 子层与 LLC 子层的接口中用于管理目的的原语仅有 26 条, 相对于蓝牙技术的 131 条原语和 32 个事件而言, IEEE 802.15.4 MAC 子层的复杂度很低, 不需要高速处理器, 因此降低了功耗和成本。

图 4-4 给出了 MAC 子层数据包格式。MAC 子层数据包由 MAC 子层帧头(MAC Header, MHR)、MAC 子层载荷和 MAC 子层帧尾(MAC Footer, MFR)组成。

MAC 子层帧头由 2 B 的帧控制域、1 B 的帧序号域和最多 20 B 的地址域组成。帧控制域指明了 MAC 帧的类型、地址域的格式以及是否需要接收方确认等控制信息; 帧序号域包含了发送方对帧的顺序编号, 用于匹配确认帧, 实现 MAC 子层的可靠传输; 地址域采用的寻址方式可以是 64 bit 的 IEEE MAC 地址或者 8 bit 的 ZigBee 网络地址。

2 B	1 B	0/2 B	0/2/8 B	0/2 B	0/2/8 B	可变	2 B
帧控制	序列号	目的 PAN 标识符	目的地址	源 PAN 标识符	源地址	帧载荷	FCS
MHR(MAC层帧头)						MAC 载荷	MFR

图 4-4　MAC 子层数据包格式

MAC 子层载荷承载 LLC 子层的数据包,其长度是可变的,但整个 MAC 帧的长度应该小于 127 B,其内容取决于帧类型。IEEE 802.15.4MAC 子层定义了四种帧类型,即广播帧、数据帧、确认帧和 MAC 命令帧。只有广播帧和数据帧包含了高层控制命令或者数据,确认帧和 MAC 命令帧则用于 ZigBee 设备间 MAC 子层功能实体间控制信息的收发。

MAC 子层帧尾含有采用 16 bit CRC 算法计算出来的帧校验序列(Frame Check Sequence,FCS),用于接收方判断该数据包是否正确,从而决定是否采用 ARQ 进行差错恢复。

广播帧和确认帧不需要接收方的确认,数据帧和 MAC 命令帧的帧头包含帧控制域,指示收到的帧是否再需要确认;如果需要确认,并且已经通过了 CRC 校验,接收方将立即发送确认帧。若发送方在一定时间内收不到确认帧,将自动重传该帧,这就是 MAC 子层可靠传输的基本过程。

IEEE 802.15.4 MAC 子层定义了两种基本的信道接入方法,分别用于两种 ZigBee 网络拓扑结构中。这两种网络结构分别是基于中心控制的星型网络和基于对等操作的 Ad hoc 网络。在星型网络中,中心设备承担网络的形成和维护、时隙的划分、信道接入控制和专用带宽分配等功能,其余设备根据中心设备的广播信息来决定如何接入和使用无线信道,这是一种时隙化的载波侦听和冲突避免(Carrier Sense Multiple Access with Collision Avoidance,CS-MA-CA)信道接入算法。在 Ad hoc 方式的网络中,没有中心设备的控制,也没有广播信道和广播信息,而是使用标准的 CSMA-CA 信道接入算法接入网络。

4.1.4 ZigBee 网络层

典型无线传感器网络 ZigBee 堆栈是在 IEEE 802.15.4 标准的基础上建立的,而 IEEE 802.15.4 仅定义了协议的 MAC 和 PHY 层。ZigBee 设备应该包括 IEEE 802.15.4 的 PHY 和 MAC 层以及 ZigBee 堆栈层:网络层(NWK)、应用层和安全服务管理。每个 ZigBee 设备都与一个特定模板有关,可能是公共模板或私有模板。这些模板定义了设备的应用环境、设备类型以及用于设备间通信的串(也称簇,cluster)。公共模板可以确保不同供应商的设备在相同应用领域中的互操作性。

1. 网络层概述

网络层(NWK)必须提供功能,以保证 IEEE 802.15.4/ZigBee 的 MAC 子层的正确操作,并为应用层提供一个合适的服务接口。要和应用层通信,网络层的概念包括两个服务实体,提供必要的功能,如图 4-5 所示。这些服务实体是数据服务和管理服务。NWK 层数据实体

(NLDE)通过其相关的 SAP、NLDE-SAP，提供数据传输服务；而 NLME-SAP 提供管理服务，NIME 使用 NLDE 来获得它的一些管理任务，且它还维护一个管理对象的数据库，叫做网络信息库(NIB)。

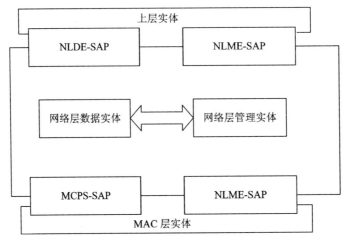

图 4-5　网络层参考模型

1) NLDE

网络层数据实体(NLDE)应提供一个数据服务，以允许一个应用程序在两个或多个设备之间传输应用协议数据单元(APDU)。设备本身必须位于同一个网络。NLDE 将提供以下服务：

(1) 生成网络级别的 PDU(NPDU)：NLDE 应该可以通过增加一个合适的协议头，从一个应用支持子层的 PDU 生成一个 NPDU。

(2) 拓扑指定的路由：NLDE 应该可以传输一个 NPDU 给一个合适的设备，它是通信的最终目的地或是通信链中朝向最终目的地的下一步。

(3) 安全：确保通信的真实性和机密性。

2) NLME

网络层管理实体(NLME)应提供一个管理服务，以允许一个应用程序与协议栈相互作用。NLME 应提供以下服务：

(1) 配置一个新设备：为所需的操作充分配置协议栈的功能。配置选项包括开始一个作为一个 ZigBee 协调器的操作或加入一个已存在的网络。

(2) 开始一个网络：建立一个新的网络的功能。

(3) 加入、重新加入或离开一个网络：加入、重新加入或离开一个网络的功能，以及为一个 ZigBee 协调器或 ZigBee 路由器请求一个设备离开网络的功能。

(4) 寻址：ZigBee 协调器和路由器给新加入网络的设备分配地址的能力。

(5) 邻居发现：发现、记录和报告信息关于设备的单跳邻居的能力。

(6) 路由发现：发现并记录通过网络的路径的功能，即信息可以有效地传送。

(7) 接收控制：一个设备控制何时接收者是激活的，以及激活多长时间，从而使 MAC 子层同步或直接接收。

(8) 路由：这是一个使用不同路由机制的能力，例如单播，广播，多播或者多对，在网络中高效交换数据。

网络层数据实体通过网络层数据实体服务接入点(NLDE-SAP)提供数据传输服务,网络管理层实体通过网络层管理实体服务接入点(NLME-SAP)提供网络管理服务。网络层管理实体利用网络层数据实体完成一些网络的管理工作,并且网络层管理实体完成对网络信息库(NIB)的维护和管理。

网络层通过 MCPS-SAP 和 MLME-SAP 接口为 MAC 层提供接口。通过 NLDE-SAP 与 NLME-SAP 接口为应用层提供接口服务。

2. 网络层帧结构

网络协议数据单元(NPDU)即网络层的帧结构,如图 4-6 所示。

2 B	2 B	2 B	1 B	1 B	0/8 B	0/8	0/1 B	变长	变长
帧控制	目的地址	源地址	广播半径域	广播序列号	IEEE目的地址	IEEE源地址	多点传送控制	源路由帧	帧的有效载荷
网络层帧报头									网络层的有效载荷

图 4-6 网络层数据包(帧)格式

网络协议数据单元(NPDU)结构(帧结构)基本组成部分:网络层帧报头,包含帧控制、地址和序列信息;网络层帧的可变长有效载荷,包含帧类型所指定的信息。

图 4-6 表示的是网络层的通用帧结构,不是所有的帧都包含地址和序列域,但网络层的帧的报头域还是按照固定的顺序出现。然而,仅仅只有多播标志值是 1 时才存在多播(多点传送)控制域。

在 ZigBee 网络协议中定义了两种类型的网络层帧,它们分别是数据帧和网络层命令帧。

1) 数据帧

数据帧与网络层的通用帧结构相同。帧的有效载荷为网络层上层要求网络层传送的数据。在帧控制域中,帧类型子域应为表示数据帧的值。根据数据帧的用途,对其它所有的子域进行设置。

数据帧包括网络层报头和数据有效载荷域。

数据帧的网络层报头域由控制域和根据需要适当组合而得到的路由域组成。

数据帧的数据有效载荷域包含字节的序列,该序列为网络层上层要求网络层传送的数据。

2) 网络层命令帧

网络层命令帧结构如图 4-7 所示,网络层帧结构与通用网络层帧结构基本相同。

2 B	字节数(参见图4-6)	1 B	可变
帧控制	路由域	网络层命令标识符	网络层命令载荷
网络层帧报头		网络层载荷	

图 4-7 网络层命令帧结构

网络层命令帧中的网络层帧报头域由帧控制域和根据需要适当组合而得到的路由域组

成。在帧控制域中，帧类型子域应表示网络层命令帧的值。根据网络层命令帧的用途，对其他所有的子域进行设置。

4.1.5 ZigBee 应用层

基于 ZigBee 技术的芯片(设备)将主要嵌入到消费性电子设备、家庭和建筑物自动化设备、工业控制装置、电脑外设、医用传感器、玩具和游戏机等设备中，支持小范围内基于无线通信的控制和自动化，可能的应用包括家庭安全监控设备、空调遥控器、照明灯和窗帘遥控器、电视和收音机遥控器，老年人和残疾人专用的无线电话按键、无线鼠标、键盘和游戏手柄，以及工业和大楼的自动化等。

通常符合下列条件之一的应用，就可以考虑采用 ZigBee 技术：

(1) 设备间距较小；

(2) 设备成本很低，传输的数据量很小；

(3) 设备体积很小，不容许放置较大的充电电池或者电源模块；

(4) 只能使用一次性电池，没有充足的电力支持；

(5) 无法做到频繁更换电池或反复充电；

(6) 需要覆盖的范围较大，网络内需要容纳的设备较多，网络主要用于监测或控制。

ZigBee 技术的应用领域可以划分为消费性电子设备、工业控制、汽车自动化、农业自动化、医学辅助控制等。下面将就每个领域给出一些应用实例。

1. 消费性电子设备

消费性电子设备和家居自动化是 ZigBee 技术最有潜力的市场。消费性电子设备包括手机、PDA、笔记本电脑、数码相机等，家用设备包括电视机、录像机、PC 外设、儿童玩具、游戏机、门禁系统、窗户和窗帘、照明、空调和其他家用电器等。利用 ZigBee 技术很容易实现相机或者摄像机的自拍、窗户远距离开关、室内照明系统的遥控、窗帘的自动调整等功能。特别是在手机或者 PDA 中加入 ZigBee 芯片后，就可以被用来控制电视开关、调节空调温度、开启微波炉等。基于 ZigBee 技术的个人身份卡能够代替家居和办公室的门禁卡，可以记录所有进出大门的个人的信息，加上个人电子指纹技术，将有助于实现更加安全的门禁系统。嵌入 ZigBee 设备的信用卡可以很方便地实现无线提款和移动购物，商品的详细信息也将通过 ZigBee 设备广播给顾客。

在家居和个人电子设备领域，ZigBee 技术有着广阔而诱人的应用前景，必将能够在很大程度上改善我们的生活体验。

2. 工业控制

生产车间可以利用传感器和 ZigBee 设备组成传感器网络，自动采集、分析和处理设备运行的数据以及适合危险场合、人力所不能及或者不方便的场所，如危险化学成分的检测、锅炉炉温监测、高速旋转机器的转速监控、火灾的检测和预报等，以帮助工厂技术和管理人员及时发现问题，同时借助物理定位功能，还可以迅速确定问题发生的位置。ZigBee 技术用于现代化工厂中央控制系统的通信系统，可以免去生产车间内的大量布线，降低安装和维护的成本，便于网络的扩容和重新配置。

3. 汽车自动化

汽车车轮或者发动机内安装的传感器可以借助 ZigBee 网络把监测数据即时地传送给司机，从而能够及早发现问题，降低事故发生的可能性。汽车中使用的 ZigBee 设备需要克服恶劣的无线电传播环境对信号接收的影响以及金属结构对电磁波的屏蔽效应。内置电池的寿命应该大于或者等于轮胎或者发动机本身的寿命。

4. 农业自动化

农业自动化领域的特点是需要覆盖的区域很大，因此需要由大量的 ZigBee 设备构成监控网络，通过各种传感器采集诸如土壤湿度、氮元素浓度、PH 值，降水量、温度、空气湿度和气压等信息，以帮助农民及时发现问题，并且准确地确定发生问题的位置，这样农业将有可能逐渐地从以人力为中心、依赖于孤立机械的生产模式转向以信息和软件为中心的生产模式，从而大量使用各种自动化、智能化、过程控制的生产设备。

5. 医学辅助控制

医院里借助于各种传感器和 ZigBee 网络，能够准确而实时地监测病人的血压、体温和心率等关键信息，帮助医生做出快速的反应。特别适用于对重病和病危患者的看护和治疗。带有微型纽扣电池的自动化、无线控制的小型医疗器械将能够深入病人体内完成手术，从而在一定程度上减轻病人开刀的痛苦。

4.2 移动通信网

通信，指人与人或人与自然之间通过某种行为或媒介进行的信息交流与传递，从广义上指需要信息的双方或多方在不违背各自意愿的情况下，无论采用何种方法，使用何种媒质，将信息从某方准确安全传送到另一方。

据信号方式的不同，通信可分为模拟通信和数字通信。在电话通信中，用户线上传送的电信号是随着用户声音大小的变化而变化的。这个变化的电信号无论在时间上还是在幅度上都是连续的，这种信号称为模拟信号。在用户线上传输模拟信号的通信方式称为"模拟通信"。数字信号与模拟信号不同，它是一种离散的、脉冲有无的组合形式，是负载数字信息的信号。电报信号就属于数字信号。现在最常见的数字信号是幅度取值只有两种(用 0 和 1 代表)的波形，称为"二进制信号"。"数字通信"是指用数字信号作为载体来传输信息，或者用数字信号对载波进行数字调制后再传输的通信方式。

数字通信与模拟通信相比具有明显的优点：首先是抗干扰能力强。模拟信号在传输过程中和叠加的噪声很难分离，噪声会随着信号被传输、放大，严重影响通信质量。数字通信中的信息是包含在脉冲的有无之中的，只要噪声绝对值不超过某一门限值，接收端便可判别脉冲的有无，以保证通信的可靠性。其次是远距离传输仍能保证质量。因为数字通信是采用再生中继方式，能够消除噪音，再生的数字信号和原来的数字信号一样，可继续传输下去，这样通信质量便不受距离的影响，可高质量地进行远距离通信。此外，它还具有适应各种通信业务要求(如电话、电报、图像、数据等)，便于实现统一的综合业务数字网，便于采用大规模集成电路，便于实现加密处理，便于实现通信网的计算机管理等优点。

实现数字通信，必须使发送端发出的模拟信号变为数字信号，这个过程称为"模数变换"。模拟信号数字化最基本的方法有三个过程，第一步是"抽样"，就是对连续的模拟信号进行离散化处理，通常是以相等的时间间隔来抽取模拟信号的样值。第二步是"量化"，将模拟信号样值变换到最接近的数字值。因抽样后的样值在时间上虽是离散的，但在幅度上仍是连续的，量化过程就是把幅度上连续的抽样也变为离散的。第三步是"编码"，就是把量化后的样值信号用一组二进制数字代码来表示，最终完成模拟信号的数字化。数字信号送入数字网进行传输。接收端则是一个还原过程，把收到的数字信号变为模拟信号，即"数模变换"，从而再现声音或图像。如果发送端发出的信号本来就是数字信号，则用不着进行模数变换过程，数字信号可直接进入数字网进行传输。由于人们对各种通信业务的需求迅速增加，数字通信正向着小型化、智能化、高速大容量的方向迅速发展，最终必将取代模拟通信。

4.2.1 移动通信系统结构

信息传播过程简单地描述为：信源→信道→信宿。其中，"信源"是信息的发布者，即上载者；"信宿"是信息的接收者，即最终用户；信道是传送信息的物理性通道，在两点之间用于收发信号的单向或双向通路。信道又可分为有线信道和无线信道。

无线通信系统也称为无线电通信系统，是由发送设备、接收设备、无线信道三大部分组成的，如图 4-8 所示，利用无线电磁波，以实现信息和数据传输的系统。

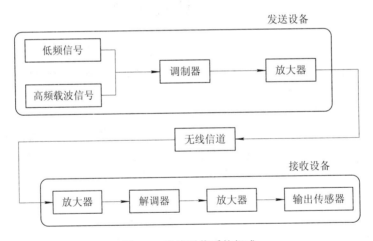

图 4-8　无线通信系统组成

无线电传输的介质是电磁波，其工作频率覆盖范围如图 4-9 所示。

频谱(信道)是我们区别各种电波的一个重要依据，无线通信的频谱(信道)在射频这一段包括了我们常见的调频收音机，各种手机，无线电话，无线卫星电视等等，由于从几十兆到几千兆的频谱(信道)上，集中了各种不同的无线应用，而且这些无线电传播都使用同一个通信媒介——空气中的电磁波，所以为了保证各种无线通信之间不相互干扰，就需要对无线信道的使用进行必要的管理。世界无线通信频率信道覆盖情况如图 4-10 所示。信道带宽限定了允许通过该信道的信号下限频率和上限频率，也就是限定了一个频率通带。任意在该频带范围内的各种单频波也可以通过该信道传输。

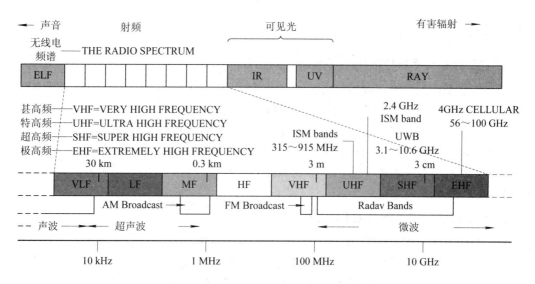

图 4-9 电磁波工作覆盖范围

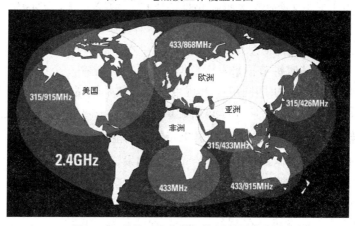

图 4-10 世界无线信道工作频率覆盖范围

一般的无线收发装置如图 4-11 所示。其中包括收发模块(滤波器、平衡电路、射频芯片等)、天线、电源、时钟晶振等模块。

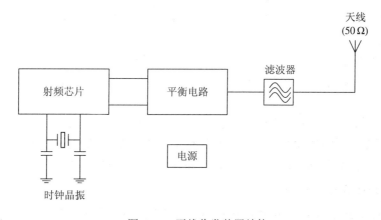

图 4-11 无线收发装置结构

4.2.2　数据传输方式

1．并行传输与串行传输(按代码传输的顺序分)

并行传输指的是数据以成组的方式在多条并行信道上同时进行传输，适用于计算机等设备内部或两个设备之间距离比较近时的外线上采用。其优点是不需要额外的措施来实现收发双方的字符同步；缺点则是必须有多条并行信道，成本比较高，不适宜远距离传输。

串行传输指的是组成字符的若干位二进制码排列成数据流以串行的方式在一条信道上传输。它是目前外线上主要采用的一种传输方式。其优点是只需要一条传输信道，易于实现，但要采取措施实现字符同步。

2．异步传输和同步传输(按同步方式分)

异步传输方式一般以字符为单位传输，每个字符的起始时刻可以是任意的。为了正确地区分一个个字符，不论字符所采用的代码为多少位，在发送每一个字符时，都要在前面加上一个起始位，长度为一个码元长度，极性为"0"，表示一个字符的开始；后面加上一个终止位，长度为 1.5 或 2 个码元长度，极性为"1"，表示一个字符的结束。其优点是能实现字符同步，比较简单，收发双方的时钟信号不需要严格同步；缺点则是对每个字符都需加入起始位和终止位，因而信息传输效率低。

同步传输是以固定的时钟节拍来发送数据信号的，因此在一个串行数据流中，各信号码元之间的相对位置是固定的(即同步)。其优点是传输效率较高，但接收方为了从接收到的数据流中正确地区分一个个信号码元，必须建立准确的时钟同步等，实现起来比较复杂。

3．单工、半双工和全双工传输(按数据电路的传输能力分)

单工传输：传输系统的两端数据只能沿单一方向发送和接收。

半双工传输：系统两端可以在两个方向上进行双向数据传输，但两个方向的传输不能同时进行，当其中一端发送时，另一端只能接收，反之亦然。

全双工传输：系统两端可以在两个方向上同时进行数据传输，即两端都可以同时发送和接收数据。

4.2.3　无线通信系统的多路访问技术

无线通信与有线通信在诸多重要环节上完全不同，这些环节中的异同导致了它们之间的通信质量的差异：

(1) 无线链路是通过相同的传输媒介——空气来传播无线电信号的。

(2) 误码率比常规有线系统高几个数量级。由于存在上述差异，RF 链路的可靠性比有线链路低。

(3) 为了实现在同一范围内多点间通信，必须考虑防止数据包在空气中的传输时相互碰撞，为了建立可靠的无线传输通路，必须采用各种方法。例如 TDMA/FDMA/CSMA 等都是无线通信中实行多路访问和提高信道效率，提高通信可靠性的常用办法。

1．频分多址(FDMA)访问技术

频分多址(Frequency Division Multiple Access，FDMA)是数据通信中的一种技术，即不

同的用户分配在时隙相同而频率不同的信道上，如图 4-12 所示。按照这种技术，把在频分多路传输系统中集中控制的频段根据要求分配给用户。同固定分配系统相比，频分多址使通道容量可根据要求动态地进行交换。

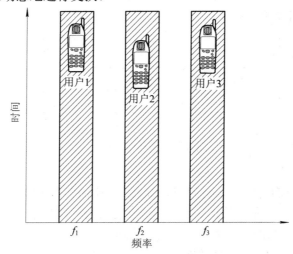

图 4-12　频分多址(FDMA)工作原理

在 FDMA 系统中，分配给用户一个信道，即一对频谱，一个频谱用做前向信道即基站向移动台方向的信道，另一个则用做反向信道即移动台向基站方向的信道。这种通信系统的基站必须同时发射和接收多个不同频率的信号，任意两个移动用户之间进行通信都必须经过基站的中转，因而必须同时占用 2 个信道(2 对频谱)才能实现双工通信。

2. 时分多址(TDMA)访问技术

时分多址(Time Division Multiple Access，TDMA)是把时间分割成周期性帧(Frame)，每一个帧再分割成若干个时隙向基站发送信号，在满足定时和同步的条件下，基站可以分别在各时隙中接收到各移动终端的信号而不混扰。同时基站发送向多个移动终端的信号都按顺序安排在预定的时隙中传输，各移动终端只要在指定的时隙内接收，就能在电路的信号中把发送给它的信号区分并接收下来，如图 4-13 所示。

图 4-13　时分多址(TDMA)访问技术原理图

TDMA 较之 FDMA 具有通信口号质量高，保密性较好，系统容量较大等优点，但它必须有精确的定时和同步以保证移动终端和基站间正常通信，技术上比较复杂。

TDMA 的其中一个信道专司时间分配，让设备在不同的时间中完成数据的交互通信。而主机每时每刻自动扫描监视空气中的信号并在一定时间内发送一次同步信号，发现有合格的数据包，就会自动进行接收。

这就实现了点(主机模块)对多点(节点 1 和节点 2)的可靠无线数据通信。很多工业控制的无线系统、无线传感器系统，常采用 TDMA 的无线通信传输方式。

3. 载波侦听(CSMA)访问技术

CSMA/CD 是英文"Carrier Sense Multiple Access Collision Detect"的缩写，中文的意思

是"载波侦听多路访问/冲突检测"，如图 4-14 所示。其工作原理如下：

(1) 若媒体空闲，则传输；

(2) 若媒体忙，则一直监听直到信道空闲，然后立即传输；

(3) 若在传输中监听到干扰，则发干扰信号通知所有站点。等候一段时间，再次传输。

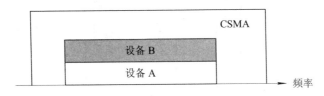

图 4-14 载波侦听(CSMA)访问技术原理图

可以通俗理解为"先听后说，边说边听"。

CSMA/CD 是一种分布式介质访问控制协议，网中的各个站(节点)都能独立地决定数据帧的发送与接收。每个站在发送数据帧之前，首先要进行载波监听，只有介质空闲时，才允许发送帧。这时，如果两个以上的站同时监听到介质空闲并发送帧，则会产生冲突现象，这使发送的帧都成为无效帧，发送随即宣告失败。

每个站必须有能力随时检测冲突是否发生，一旦发生冲突，则应停止发送，以免介质带宽因传送无效帧而被白白浪费，然后随机延时一段时间后，再重新争用介质，重发送帧。CSMA/CD 协议简单、可靠，其网络系统(如 Ethernet)被广泛使用。

载波侦听这种无线通信方式比起前面介绍的 FDMA、TDMA 来，它能更好地利用资源，因为这种通信方法在发送数据之前，一直在检测空气中是否存在有相同频率的载波，如果在当前时间空气中有相同频率的载波，就不发送数据，如果空气中没有同频率的载波，表明现在空间资源没有被占用，可以发送数据，这样不仅提高了空间资源的利用效率，也同时提高了通信的可靠性。

4．跳频通信(FHSS)访问技术

跳频通信(FHSS)可以说是抗干扰能力最强的一种通信方式，如图 4-15 所示。其实它的原理和上面讲的 CSMA 的原理近似。但与 CSMA 通信方式比较，跳频通信的灵活性更大，能够更加合理地利用空间资源。

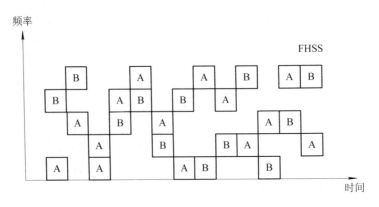

图 4-15 跳频通信(FHSS)访问技术原理图

在跳频的通信过程中，发送端如果在发送了数据包装后，在一定的时间内没有回复，那就说明空气中有相同频率的载波存在。不会如 CSMA 遇到这样的情况就进入了等待状态，跳频中这时就更换频道了，继续尝试有没有回复，如有回复就说明通信成功。这样就可以容易实现接收和发送端的跳频节奏一致，把通信范围从一个频道扩展到了一个频谱上。

在跳频通信过程中主要是看如何实现接收和发送端在改变频道的过程中实现频道的统一，而且在频道转换过程中应当尽可能地少花费时间。

4.2.4　常见多路复用技术

使用调制载波发送数据的计算机网络与利用调制载波广播视频信息的电视台相类似，这一相似性给理解下述原理提供了启发：两个或多个使用不同载波频率的信号可以在单一介质上同时传输而互不干扰。为理解这一原理，考虑有线电视传输是如何工作的。每个电视台都分配有一定的频道，事实上，频道就是电视台所用载波的振荡频率。为接收一个频道，电视机必须调谐至发送器同样的频率。更重要的是，一个城市可以有多个电视台，彼此在不同的频率上同时广播。一个接收器在任一时间选择接收其中一个。

有线电视这一例子说明了以上原理应用于多个信号在一根导线上同时传输时的情形。虽然一个有线电视用户仅有一根物理导线连接有线电视公司，但用户仍可同时收到许多频道的信息。一个频道中的信号并不与其他频道中的信号相互干扰，收看频道 6 时可以不受频道 5 或 7 的信息干扰。

计算机网络应用分离频道的原理以使多个通信共享单根物理连线。每一发送器用一个给定频率的载波传输数据，每一接收器被设置成只接收给定频率的载波，且不受其他频率的干扰。所有载波可在同一时间通过同一导线而互不干扰。

频分多路复用(Frequency Division Multiplexing，FDM)是用多个载波频率在一个介质中同时传输多个独立信号的计算机网络术语。FDM 技术可用于在导线、射频(RF)或光纤上传输信号。图 4-16 说明了这一概念并显示了 FDM 所需的硬件。每一个源和目标对都用一个共享通道发送数据而互不干扰。实际上，线路两端都需要一个多路复用器和一个逆多路复用器，以便实现双向通信。并且多路复用器可能需要额外的能产生多种载波频率的发生电路。

理论上，工作在不同频率上的载波将一直保持相互独立，但实际上，两个频率接近或频率成整倍数的载波相互会形成干涉。为避免这一问题，设计 FDM 网络系统的工程师们在各载波之间设定一个最起码的频率间隔(电视台和无线电台同样需要考虑载波频率之间的最小间隔)。在各载波频率之间要求存在较大的间隔，意味着所用的 FDM 硬件必须能容纳很宽的频率范围。这种苛求限制了 FDM 的使用范围，使之仅用于高带宽传输通信中。

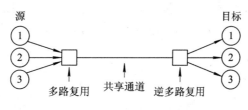

图 4-16　复用概念示意图

1. 基带和宽带技术

工程师们利用频分多路复用建立了许多网络技术，它们允许在同一介质上同时进行相互独立的通信。例如，无线网络中使用的发送器和接收器可以设定为特定的频道，使同一房间内两组独立的计算机能同时通信。一组计算机使用频道 1 进行通信，同时另一组使用频道 2 进行通信。

使用频分多路复用的主要动机在于对高吞吐率的需求。为了达到更高的吞吐率，底层的硬件使用电磁频谱中更大的一部分(即更高的带宽)。这样，宽带技术(Broadband Technology)这一术语用来描述这些技术。另一方面，任何只使用电磁频谱中很小的一部分，一次只在介质上发送一个信号的技术称为基带技术(Baseband Technology)。

工作在无线电频率的频分多路复用技术同样可以应用于光传输系统。从技术上来说，光的 FDM 被称为波分多路复用(Wave Division Multiplexing)。因为可见光的频率在人们看来就是不同的颜色，工程师们有时也使用非正式的说法：色分多路复用(Color Division Multiplexing)，并将载波戏称为"红"、"橙"、"蓝"等。

2. 波分多路复用与分布频谱

波分多路复用将多种光波通过同一根光纤发送。在接收端，一块玻璃棱镜被用来分开不同频率的光波。和一般的 FDM 类似，因为特定频率的光不会干扰另一频率的光，所以不同频率的载波可以合并在同一介质中传输。

FDM 的一个特别应用范例是用多个载波以提高可靠性。这一技术称为分布频谱(Spread Spectrum)，并被用于多种目的。采用分布频谱技术的主要原因是为了提高在某些频率上偶尔会发生干扰的传输系统的可靠性。例如，考虑一个用无线电波通信的网络，如果发送器或接收器和某个电磁干扰源靠得很近，或在发送器和接收器之间有某个大物体正在移动，系统最佳的载波频率在不同时刻是不同的。在某个给定时刻，某个载波频率可能工作正常而其他的却不能，稍后一段时间，另一频率可能工作正常而先前的却不能。分布频谱技术通过使发送器用一组独立的载波频率同时发送同一信号的技术解决了这一问题。此时，接收器必须配置成能检查所有载波频率并使用当前正常工作的载波频率。

某些拨号调制解调器也使用分布频谱传输的一种形式来提高可靠性。和用单个载波频率发送数据不同，这种调制解调器选择一组载波频率并同时使用它们，发送器在每个载波上同时发送数据，若某一干扰妨碍了某些载波频率抵达接收器，数据仍能通过剩下的载波到达。

3. 时分多路复用

和 FDM 不同的另一种复用形式是时分多路复用(Time Division Multiplexing，TDM)。在这种方式中各个发送源轮流使用共享的通信介质。例如，某些 TDM 硬件使用循环方案共享介质，当多路复用器从源 1 发送一小批数据然后从源 2 发送一小批数据，如此循环。这一方法给每个数据源以同等的机会使用共享的介质。实际上，绝大多数计算机网络使用某种形式的 TDM。

4.2.5 现代远程通信系统

1. 码分多址(CDMA)蜂窝移动通信系统

码分多址(CDMA)是一种以扩频技术为基础的调制和多址接入技术，因其保密性能好，抗干扰能力强而广泛应用于军事通信领域，并且早在 19 世纪 40 年代就有过商用的尝试。经过了 40 多年的努力，克服了一个又一个的关键技术问题，直到 1993 年 7 月由美国 Qualcomm 公司开发的 CDMA 蜂窝体制被采纳为北美数字蜂窝标准，定名为 IS-95，CDMA 蜂窝移动通信系统才正式走上商业通信市场。

1995 年我国香港建立了世界上第一个 CDMA 移动通信系统，而后韩国、美国等国家先后建立了 CDMA 移动通信系统，到 2000 年底，全球的 CDMA 用户已超过 4000 万。

CDMA 蜂窝移动通信系统与 FDMA 模拟蜂窝移动通信系统或 TDMA 数字蜂窝移动通信系统相比有更大的系统容量、更高的话音质量以及抗干扰能力强、保密性能好等诸多优点，因而 CDMA 也成为第三代蜂窝移动通信系统的方式。本书以 IS-95 标准为例，对 CDMA 系统作简要介绍。

CDMA 系统是以扩频调制技术和码分多址接入技术为基础的数字蜂窝移动通信系统。在 CDMA 系统中，不同用户传输的信息是靠各自不同的编码序列来区分的。CDMA 的示意图如图 4-17 所示，可以看出，信号在时间域和频率域是重叠的，用户信号是靠各自不同的编码序列 C_i 来区分的。

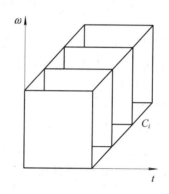

图 4-17　CDMA 的示意图

S-95 标准的全称是"双模宽带扩谱蜂窝系统的移动台—基站兼容标准"，这说明 IS-95 标准是一个公共空中接口(CAI)。它没有完全规定一个系统如何实现，而只是提出了信令协议和数据结构的特点和限制，不同的制造商可采用不同的技术和工艺制造出符合 IS-95 标准规定的系统和设备。

CDMA 系统网络结构与一般数字蜂窝移动通信系统的网络结构相同，包括基站子系统、移动台子系统、网络子系统和操作支持子系统等。CDMA 系统与 TDMA 系统的主要差别在于无线信道的构成、相关的无线接口和无线设备、特殊的控制功能等。

IS-95 系统的主要性能指标如下：

(1) 工作频率：IS-95 下行链路的频率为(824～849)MHz，上行链路的频率为(869～894)MHz，一对下行链路频率和上行链路频率的频率间隔为 45 MHz，带宽为 1.25 MHz；

(2) 码片速率：1.2288 Mc/s；

(3) 比特率：速率集 1 为 9.6 kb/s，速率集 2 为 14.4 kb/s，IS-95B 为 115.2 kb/s；

(4) 帧长度：20 ms；

(5) 语音编码器：QCELP 8 kb/s，EVRC 8 kb/s，ACELP 13 kb/s；

(6) 功率控制：上行链路采用开环 + 快速闭环，下行链路采用慢速闭环；

(7) 扩展码：Walsh + 长 M 的序列。

CDMA 系统具有以下主要特点：

(1) 系统容量大。根据理论计算和实际测试表明，CDMA 系统容量是模拟系统的 10～20 倍，是 TDMA 系统的 4 倍。

(2) 具有软容量特性。在 FDMA 和 TDMA 系统中，当所有频道或时隙被占满以后，再无法增加一个用户。此时若有新的用户呼叫，只能遇忙等待产生阻塞现象。而 CDMA 系统的全部用户共享一个无线信道，用户信号是靠编码序列区分的，当系统负荷满载时，再增加少量用户只会引起话音质量的轻微下降，而不会产生阻塞现象。

CDMA 系统的这一特性，使系统容量和用户数之间存在一种"软"关系。在业务高峰期间，可以通过稍微降低系统的误码性能，来增多系统用户数目。系统软容量的另一种形式是小区呼吸功能。所谓小区呼吸功能，是指各个小区的覆盖区域大小是动态的。当相邻的两个小区负荷一轻一重时，负荷重的小区通过减小导频发射功率，使本小区边缘的用户由于导频功率强度不够而切换到相邻小区，使重负荷小区的负荷得到分担，从而增加了系统的容量。

(3) 具有软切换功能。所谓软切换，是指当移动台需要切换时，先与新小区的基站连通，再与原来小区的基站切断联系。在切换过程中，原小区的基站和新小区的基站同时为过区的移动台服务。软切换功能可以使过区切换的可靠性提高。

(4) 具有话音激活功能。由于人类通话过程中话音是不连续的，占空比小于 35%。CDMA 系统采用可变速率声码器，在不讲话时传输速率降低，减小对小区其他用户的影响，从而增加系统的容量。

(5) CDMA 系统是以扩频技术为基础的，因此具有抗干扰、抗多径衰落、保密性强等优点。

CDMA 系统中切换有三种类型：硬切换、软切换和更软切换。移动台穿越不同工作频率的小区时进行硬切换，移动台先要切断与原所属小区基站的联系，然后再与新小区基站建立联系。移动台穿越相同工作频率的小区时进行软切换，移动台先与新小区基站建立联系，然后再切断与原所属小区基站的联系。移动台在同一小区内穿越相同工作频率的扇区时进行更软切换，由于更软切换不需要固定网络的信令，因此其切换过程比软切换的建立更快。

软切换是 CDMA 系统独有的切换功能，可有效地提高切换的可靠性，而且当移动台处于小区的边缘时，软切换能提供前向业务信道和反向业务信道的分集，从而保证通信的质量。

2．3G 无线远程通信

随着世界范围通信领域的迅猛发展，移动通信已逐渐成为通信领域的主流。到目前为止，商用移动通信系统已经发展了两代。第一代移动通信系统是采用 FDMA 方式的模拟移动蜂窝系统，如 AMPS、TACS 等。由于其系统容量小，不能满足移动通信业务的迅速发展，目前已逐步被淘汰。第二代移动通信系统采用 TDMA 或窄带 CDMA 方式的数字移动蜂窝系统，如 GSM、IS-95 等，它是目前世界各国所广泛采用的移动通信系统。第二代移动通信系统在系统容量、通信质量、功能等方面比第一代移动通信系统有了很大提高。

随着移动通信终端的普及，移动用户数量成倍地增长，第二代移动通信系统的缺陷也逐渐显现，如全球漫游、系统容量、频谱资源、支持宽带业务等问题。为此，从 20 世纪 90 年代开始，各国和世界组织又开展了对第三代移动通信系统的研究，它包括地面系统和卫星系统，移动终端既可以连接到地面的网络，也可以连接到卫星的网络。第三代移动通信系统工作在 2000 MHz 频段。为此，1996 年国际电信联盟正式将其命名为 IMT-2000。

第三代移动通信系统的框架结构是将卫星网络与地面移动通信网络相结合，形成一个全球无缝覆盖的立体通信网络，以满足城市和偏远地区不同密度用户的通信要求，支持话音、数据和多媒体业务，实现人类个人通信的愿望。

作为下一代移动通信系统，第三代移动通信系统的主要特点有：

(1) 第二代移动通信系统一般为区域或国家标准，而第三代移动通信系统将是一个在全球范围内覆盖和使用的系统。它将使用共同的频段，全球统一标准或兼容标准，实现全球无缝漫游。

(2) 具有支持多媒体业务的能力，特别是支持 Internet 业务。现有的移动通信系统主要以提供话音业务为主，随着发展一般也仅能提供(100～200)kb/s 的数据业务，GSM 演进到最高阶段的速率能力为 384 kb/s。而第三代移动通信的业务能力将比第二代有明显的改进。

它应能支持从话音、分组数据到多媒体业务；应能根据需要提供带宽。ITU 规定的第三代移动通信无线传输技术的最低要求中，必须满足在以下三个环境的三种要求。即：

① 快速移动环境，最高速率达 144 kb/s；

② 室外到室内或步行环境，最高速率达 384 kb/s；

③ 室内环境，最高速率达 2 Mb/s。

(3) 便于过渡、演进。由于第三代移动通信引入时，第二代网络已具有相当规模，所以第三代的网络一定要能在第二代网络的基础上逐渐灵活演进而成，并应与固定网兼容。

(4) 支持非对称传输模式。由于新的数据业务，比如 WWW 浏览等具有非对称特性，上行传输速率往往只需要几千比特每秒，而下行传输速率可能需要几百千比特每秒，甚至上兆比特每秒才能满足需要。

(5) 更高的频谱效率。通过相干检测、Rake 接收、软切换、智能天线、快速精确的功率控制等新技术的应用，有效地提高系统的频谱效率和高服务质量。

无线传输技术(RTT)是第三代移动通信系统的重要组成部分，其主要包括调制解调技术、信道编解码技术、复用技术、多址技术、信道结构、帧结构、RF 信道参数等。无线传输技术的标准化工作主要由 ITU-R 完成，网络部分由 ITU-T 负责。ITU 还专门成立了一个中间协调组(ICG)，使 ITU-R 和 ITU-T 之间定期进行交流，并协调在制定 IMT-2000 技术标准中出现的各种问题。根据国际电联对第三代移动通信系统的要求，各大电信公司联盟均已提出了自己的无线传输技术提案。至 1998 年 9 月，包括移动卫星业务在内的 RTT 提案多达 16 个，它们基本来自 IMT-2000 的 16 个 RTT 评估组成员。其中有 10 个是 IMT-2000 地面系统提案，6 个是卫星系统提案。表 4.2 为 RTT 方案。到 2000 年初已完成了 IMT-2000 的无线技术详细规范。

表 4.2 正式向 ITU 提交的候选 RTT 方案

序号	提交者	候选 RTT 方案
1	日本 ARIB	W-CDMA
2	欧洲 ESA	SW-CDMA&SW-CTDMA
3	ICO	ICO RTT
4	中国 CATT	TD-SCDMA
5	韩国 TTA	Global CDMA Ⅰ & Ⅱ，Satellite RTT
6	欧洲 ETSI-DECT	EP-DECT
7	欧洲 ETSI-UTRA	UTRA
8	美国 TLA	UWC-136，cdma2000，WIMSW-CDMA
9	美国 TIP1-ATIS	WCDMA/NA
10	INMARSAT	Horizons

从市场基础、后向兼容及总体特征看，这 10 个候选方案中欧洲 ETSI 的 UTRA 和美国的 CDMA2000 最具竞争力，它们都是采用宽带 CDMA 技术。CDMA2000 主要由 IS-95 和 IS-41 标准发展而来，与 AMPS、DAMPS、IS-95 都有较好的兼容性，同时又采用了一些新技术，以满足 IMT-2000 的要求。

在欧洲 ETSI 的 UTRA 提案中，对称频段采用 W-CDMA 技术，主要用于广域范围内的移动通信；非对称频段采用 TD-CDMA 技术，主要用于低移动性室内通信。我国原邮电部电信科学技术院(CATT)也向 ITU 提交了具有我国自主知识产权的候选 RTT 方案：TD-SCDMA。TD-SCDMA 具有较高的频谱利用率、较低的成本和较大的灵活性，很具竞争性。这充分体现了我国在移动通信领域的研究已达到国际领先水平。

第三代移动通信系统的引入将经历一个渐进的过程，并将充分考虑向后兼容的原则。第三代系统与第二代系统将在较长时间内处于共存状态。

3. 卫星通信系统

卫星通信系统是将通信卫星作为空中中继站，它能够将地球上某一地面站发射来的无线电信号转发到另一个地面站，从而实现两个或多个地域之间的通信。根据通信卫星与地面之间的位置关系，可以分为静止通信卫星(或同步通信卫星)和移动通信卫星。卫星通信系统由通信卫星、地球站、上行线路及下行线路组成。上行线路和下行线路是地球站至通信卫星及通信卫星至地球站的无线电传播路径，通信设备集中于地球站和通信卫星中。

1) 卫星通信系统的分类

卫星通信系统的分类方法很多，按距离地面的高度可分为静止轨道卫星、中地球轨道卫星和低地球轨道卫星。

静止轨道(Geostationary Earth Orbit，GEO)卫星，距地面 35 780 km，卫星运行周期 24 h，相对于地面位置是静止的。

中地球轨道(Moderatealtitude Earth Orbit，MEO)卫星，距地面(500～20 000)km，卫星运行周期(4～12)h，相对于地面位置是移动的。

低地球轨道(Low Earth Orbit，LEO)卫星，距地面(500～5000)km，卫星运行周期约 4 h，相对于地面位置是移动的。

2) 卫星通信的主要特点

卫星通信作为现代通信的重要手段之一，与其他通信方式相比有其独到的特点。

(1) 通信距离远、覆盖地域广、不受地理条件限制。对于静止通信卫星，轨道在赤道平面上，离地面高度为 35 780 km 左右，采用三个相差 120°的静止通信卫星就可以覆盖地球的绝大部分地域(两极盲区除外)，如图 4-18 所示。

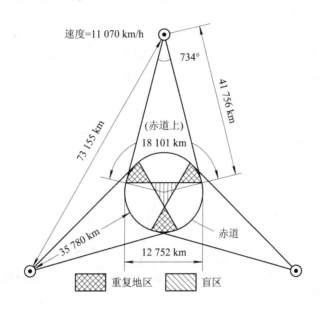

图 4-18　静止通信卫星覆盖地球示意图

若采用中、低轨道移动卫星，则需要多颗卫星覆盖地球。所需卫星的个数与卫星轨道高度有关，轨道越低，所需卫星数越多。

(2) 以广播方式工作，只要在卫星天线波束的覆盖区域内，都可以接收卫星信号或向卫星发送信号。

(3) 可以采用空分多址(SDMA)方式。SDMA 是利用卫星上多个不同空间指向天线波束，把卫星覆盖区分成不同的小区域，实现区域间的多址通信。SDMA 方式通常需要与 TDMA 方式相结合，称为 SS/TDMA 方式。在 TDMA 基础上发展起来的星上切换—时分多址(SS-TDMA)方式具有通信容量大、多址接续灵活性好、网络效率高等优点。

(4) 工作频段高，卫星通信的工作频率使用微波频段(300 MHz～300 GHz)。主要原因是卫星处于外层空间，地面上发射的电磁波必须穿透电离层才能到达卫星，微波频段正好具有这一特性。

(5) 通信容量大，传输业务类型多。由于采用微波频段可供使用的频带很宽，因此能够提供大容量的通信。如 INTELSAT 第八代卫星和更新一代卫星系统中引入宽带 ISDN 同步传输所需的编码调制新技术，可支持在一个 72 MHz 标准卫星转发器中传输 B-ISDN/SDH STM-1 的 155 Mb/s 的高速率综合业务，一个单一 INTELSAT 转发器可传输 10 路数字高清晰度电视节目或 50 路常规广播质量的数字电视业务。

3) INTELSAT 卫星通信系统

国际通信卫星组织(International Telecommunications Satellite Organization，INTELSAT) 是世界上最大的商业卫星组织，目前有 141 个成员国，拥有 25 颗世界上最先进的连接全球进行商业运作的 GEO 卫星通信系统，可为约 200 个国家和地区提供相应国际/区域/国内卫星通信综合业务，具有参与全球竞争的丰富运营经验与财力。该组织积极引入各类卫星通信新业务、新技术，有效地利用卫星轨道、频谱及空间段，以其最佳服务和可靠性誉满全球。

Ⅰ. INMARSAT 海事卫星通信系统

INMARSAT 海事卫星通信系统是利用 INMARSAT 卫星向海上船只提供通信服务的系统。由 INMARSAT 卫星、岸站、船站、网络协调站和网络控制中心组成，系统组成如图 4-19 所示。

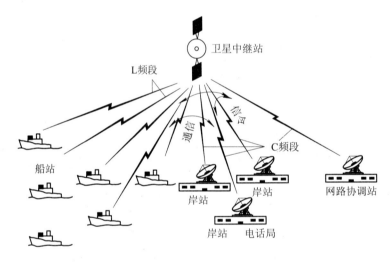

图 4-19　INMARSAT 系统组成

系统内信道的分配和连接均受岸站和网络协调站的控制。

(1) 卫星。INMARSAT 采用四颗同步轨道卫星重叠覆盖的方法覆盖地球。四个卫星覆盖区分别是大西洋东区、大西洋西区、太平洋区和印度洋区。

目前使用的是 INMARSAT 第三代卫星，拥有 48 dBW 的全向辐射功率，比第二代卫星高出 8 倍。每一颗第三代卫星均有一个全球波束转发器和五个点波束转发器。由于点波束和双极化技术的引入，使得在第三代卫星上可以动态地进行功率和频带分配，从而让频率的重复利用成为可能，大大提高了宝贵的卫星信道资源的利用率。为了保证移动卫星终端可以得到更高的卫星 EIRP，相应降低了终端尺寸及发射电平，INMARSAT-4 系统通过卫星的点波束系统进行通信，几乎可以覆盖全球所有的陆地区域(除南北纬 75°以上的极区)。

(2) 网络控制中心。网络控制中心(NOC)设在伦敦国际移动卫星组织总部，负责监测、协调和控制网络内所有卫星的操作运行。

依靠计算机检查卫星工作是否正常，包括卫星相对于地球和太阳的方向性，控制卫星姿态和燃料的消耗情况，各种表面和设备的温度，卫星内哪些设备在工作以及哪些设备处于备用状态等。同时网络控制中心对各地球站的运行情况进行监督，协助网络协调站对系统有关的运行事务进行协调。

(3) 网络协调站。网络协调站(NCS)是整个系统的一个重要组成部分。在每个洋区至少有一个地球站兼作网络协调站，并由它来完成该洋区内卫星通信网络必要的信道控制和分配工作。大西洋区的 NCS 设在美国的 Southbury，太平洋区的 NCS 设在日本的 Ibaraki，印度洋区的 NCS 设在日本的 Namaguchi。

(4) M4 地球站。M4 地球站(Land Earth Station，LES)由各国 INMARSAT 签字建设，并由它们经营。它既是卫星系统与地面陆地电信网络的接口，又是一个控制和接入中心。截止到 1999 年底，世界上已有一个地球站宣布提供 M4 商业服务，同时有七八个地球站正在建设或调试中。

Ⅱ. INMARSAT 航空卫星通信系统

INMARSAT 航空卫星通信系统主要提供飞机与地球站之间的地对空通信业务。该系统由卫星、航空地球站和机载站 3 部分组成，如图 4-20 所示。

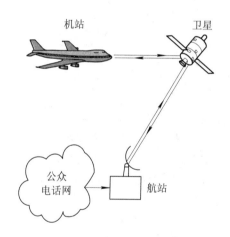

图 4-20　INMARSAT 航空卫星通信系统组成

航空地球站是卫星与地面公众通信网的接口，是 INMARSAT 地球站的改装型；机载站是设在飞机上的移动地球站。INMARSAT 航空卫星通信系统的信道分为 P、R、T 和 C 信道，P、R 和 T 信道主要用于数据传输，C 信道可传输话音、数据、传真等。

航空卫星通信系统与海上或地面移动卫星通信系统有明显差异，例如飞机高速运动引起的多普勒效应比较严重、机载站高功率放大器的输出功率和天线的增益受限，以及多径衰落严重等。因此，在航空卫星通信系统设计中，采取了许多技术措施，如采用 C 类放大器提高全向有效辐射功率(EIRP)；采用相控阵天线，使天线自动指向卫星；采用前向纠错编码、比特交织、频率校正和增大天线仰角，以改善多普勒频移和多径衰落的影响。

目前，支持 INMARSAT 航空业务的系统主要有以下 5 个：① Aero-L 系统：低速(600 b/s)的实时数据通信，主要用于航空控制、飞机操纵和管理；② Aero-I 系统：利用第三代 INMARSAT 卫星的强大功能，并使用中继器，在点波束覆盖的范围内，飞行中的航空器可通过更小型、更廉价的终端获得多信道话音、传真和电路交换数据业务，并在全球覆盖波束范围内获得分组交换的数据业务；③ Aero-H 系统：支持多信道话音、传真和数据的高速(10.5 kb/s)通信系统，在全球覆盖波束范围内，用于旅客、飞机操纵、管理和安全业务；④ Aero-H+系统：是 H 系统的改进型，在点波束范围利用第三代卫星的强大容量，提供的业务与 H 系统基本一致；⑤ Aero-C 系统：是 INMARSAT-C 航空版本，是一种低速数据系统，可为在世界各地飞行的飞机提供存储转发电文或数据报业务，但不包括航行安全通信。

目前，INMARSAT 的航空卫星通信系统已能为旅客、飞机操纵、管理和空中交通控制提供电话、传真和数据业务。从飞机上发出的呼叫，通过 INMARSAT 卫星送入航空地球站，然后通过该地球站转发给世界上任何地方的国际通信网络。

4) VSAT 卫星通信系统

VSAT(Very Small Aperture Terminals)卫星通信网是一种新型的电信网络，在卫星通信领域占有重要地位。VSAT 卫星通信系统起始于 1980 年代初，经过 20 年的发展，技术已经成熟。由于 VSAT 卫星通信具有传输距离远、不受地理条件限制、通信质量好、机动灵活、投资小、建设周期短等诸多特点，因此成为极具发展潜力的通信方式之一。

VSAT 卫星通信系统可工作于 C 频段或 Ku 频段，终端天线口径小于 2.5 m，由主站对网络进行监测和控制。VSAT 网络组网灵活、独立性强，网络结构、网络管理、技术性能、设备特性等可以根据用户要求进行设计和调整。VSAT 终端具有天线小、成本低、安装方便等特点，因此对银行、海关、交通等许多专业用户特别有吸引力。20 世纪 80 年代以来，VSAT 卫星通信系统被广泛应用，已经遍布全世界。

Ⅰ. VSAT 网络的主要特点

(1) VSAT 系统是以传输低速率的数据而发展起来的，目前已能够承担高速数据业务。其出站链路速率可达 8448 kb/s，入站链路速率可达 1544 kb/s。在 VSAT 系统中，出站链路的数据流可以是连续的，而入站链路的信息必须是突发性的，业务占空比小。因此出站链路与入站链路的业务量是不对称的，称做业务不平衡网络，这是 VSAT 与一般卫星通信系统的主要区别。

(2) VSAT 系统主要供专业用户传输数据业务或计算机联网。一些容量较大的 VSAT 系统也具有传输话音业务的能力，但通话必须是偶尔、短暂的。我国大多数用户都要求以话音为主，且占用信道时间较长，这样将降低 VSAT 网络的效率。

(3) VSAT 网络以传输数据业务为主，特别是对实时业务传输，信道的响应时间对信号质量和网络利用率影响很大。通常较大的业务量和较快的响应时间必然占用较多的网络资源。所以信道响应时间也是 VSAT 网络资源。

(4) VSAT 系统拥有的远端小站数目越多，网络的利用率就越高，这样每个小站承担的费用也就越小。一般小站数至少应大于 300 个，最多可达到 6000 个。

(5) 在 VSAT 系统中，全网的投资主要由每个小站的成本所决定，所以在系统网络设计时，应使中枢站具有尽可能完善的技术功能，并设置网络管理中心，执行全网的信道分配、业务量统计，对小站作状态监测和控制、告警指示、自动计费等，以中枢站的复杂技术来换取 VSAT 小站的设备简单、体积小、价格便宜、便于安装和使用等，提高网络的性能价格比。

(6) 中枢站到小站的出站链路采用广播式的点到多点传输，大多采用 TDM 方式向全网发布信息。各小站按照一定的协议选取本站所接收的信息。为了提高全向有效辐射功率,中枢站天线口径选择得较大。小站到中枢站的入站链路的业务量小,且都是突发性的,因此多址接续规程大多采用 SSMA 或 TDMA 方式,尽可能地减小天线口径,降低高功率放大器的输出功率。

Ⅱ. VSAT 网络的构成

VSAT 网络主要由通信卫星、网络控制中心、主站和分布在各地的用户 VSAT 小站组成,其结构如图 4-21 所示。

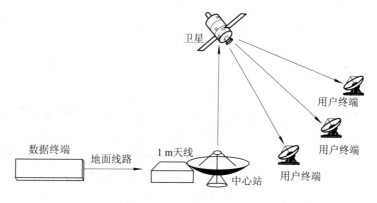

图 4-21　VSAT 网络结构

(1) 通信卫星。通信卫星可以发送专用卫星,但绝大多数都是租用 INTELSAT 卫星或卫星转发器。我国 VSAT 交通卫星通信网采用的是亚太一号卫星,上行链路频率为 6145～6163 MHz,共 18 MHz 的带宽。为了适应交通 VSAT 卫星通信网的时分多址(TDMA)及其跳频技术,将 18 MHz 的转发器带宽平均分配给四个载波(CXR0、CXR1、CXR2、CXR3)使用,每个载波的带宽为 4.5 MHz。

(2) 网络控制中心。网络控制中心是主站用来管理、监控 VSAT 专用长途卫星通信网的重要设备,主要由工作站、外置硬盘、磁带机等设备构成。网络控制中心的主要功能有:管理、监视控制、配置、维护整个 VSAT 专网系统;显示监控整个系统的状态及报警情况;根据需要制作网络图并下载给 VSAT 网内所有的端站;为全网各端站下载所需的软件及其升级软件;设置全网各端站的区号;统计全网及各端站的业务量。

(3) 主站。VSAT 卫星通信网的主站主要由本地操作控制台(LOC)、TDMA 终端、接口单元、电话会议终端、电视会议终端、数据通信设备、射频设备、馈源及天线等构成。

为了保证系统可靠工作,通常 TDMA 终端、室内单元(IDU)、室外单元(ODU)、低噪声放大器(LNA)等都需要冗余设计。

主站的主要任务是:对 VSAT 卫星通信网全网各 VSAT 小站设备的运行状况进行实时监控;对全网各 VSAT 小站的软件进行升级;对全网的各种业务电路进行分配与管理;监视控制电话会议、电视会议的召开与运行;完成各 VSAT 小站与局域网之间的数据传输与交换。

(4) VSAT 小站。VSAT 小站是用户终端设备,有固定式和便携式,主要由天线、射频单元、调制解调器、基带处理单元、网络控制单元、接口单元等组成,其可直接与电话机、交换机、计算机等各种用户终端连接。SAT 小站组成原理如图 4-22 所示。

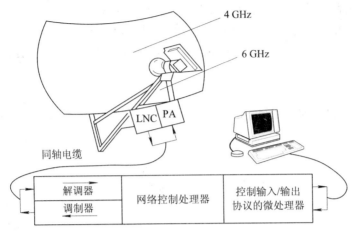

图 4-22　SAT 小站组成原理图

VSAT 网络的出现使卫星通信向智能化、小型化、面对用户及个人通信发展迈出了可喜的一步。经过 20 年的发展，用户已经遍布世界各地。在 21 世纪 VSAT 网络还将得到更快发展。

自从 1957 年第一颗通信卫星发射成功以来，卫星通信作为一种重要的通信手段广泛用于国际、国内和区域通信。21 世纪卫星通信将会得到更大发展。卫星的工作频段正从 C 频段、Ku 频段向 Ka 更高频段发展。卫星平台的设计也在向着高度模块化、集成化和系列化发展，并采用大天线、多点波束、功率按需分配和星上处理等新技术，以实现卫星宽带系统。卫星间的通信将采用速度快、频带宽、保密性强的激光通信。星间激光通信的传输率将达到 40 Gb/s。作为未来个人通信的一个组成部分，移动卫星通信将朝着小型化、轻型化方向发展，卫星技术将更多地采用星上处理、星间链路、高频段宽带传输等技术。地面手持机将更趋小型化、通话费将不断降低，以满足全球个人通信的需求。

4.3　无线传感器网络

4.3.1　无线传感器网络概述

作为信息获取最重要和最基本的技术——传感器技术，也得到了极大的发展。传感器信息获取技术已经从过去的单一化渐渐向集成化、微型化和网络化方向发展，并将会带来一场信息革命。

早在 20 世纪 70 年代，就出现了将传统传感器采用点对点传输、连接传感控制器而构成传感器网络雏形，我们把它归之为第一代传感器网络。随着相关学科的不断发展和进步，传感器网络同时还具有了获取多种信息信号的综合处理能力，并通过与传感控制器的相联，组成了有信息综合和处理能力的传感器网络，这是第二代传感器网络。而从 20 世纪末开始，现场总线技术开始应用于传感器网络，人们用其组建智能化传感器网络，大量多功能传感器被运用，并使用无线技术连接，无线传感器网络(Wireless Sensor Networks，WSN)逐渐形成。

无线传感器网络是新一代的传感器网络，具有非常广泛的应用前景，其发展和应用将会给人类的生活和生产的各个领域带来深远影响。发达国家，如美国，非常重视无线传感器网络的发展，IEEE 正在努力推进无线传感器网络的应用和发展，波士顿大学(Boston

Unversity)创办了传感器网络协会(Sensor Network Consortium)，期望能促进传感器联网技术的开发。除了波士顿大学，该协会还包括 BP、霍尼韦尔(Honeywell)、Inetco Systems、Invensys、L-3 Communications、Millennial Net、Radianse、Sensicast Systems 及 Textron Systems。美国的《技术评论》杂志在论述未来新兴十大技术时，更是将无线传感器网络列为第一项未来新兴技术，《商业周刊》预测的未来四大新技术中，无线传感器网络也列入其中。可以预计，无线传感器网络的广泛建立是一种必然趋势，它的出现将会给人类社会带来极大的变革。

无线传感器网络是一种特殊的 Ad-hoc 网络，它是一种集成了传感器技术、微机电系统技术、无线通信技术和分布式信息处理技术的新型网络技术。可应用于布线和电源供给困难的区域、人员不能到达的区域(如受到污染、环境不能被破坏或敌对区域)和一些临时场合(如发生自然灾害时，固定通信网络被破坏)等。它不需要固定网络支持，具有快速展开，抗毁性强等特点，可广泛应用于军事、工业、交通、环保等领域，引起了人们的广泛关注。

无线传感器网络典型工作方式如下：使用飞行器将大量传感器节点(数量从几百到几千个)抛撒到感兴趣区域，节点通过自组织快速形成一个无线网络。节点既是信息的采集和发出者，也可充当信息的路由者，采集的数据通过多跳路由到达网关。网关(一些文献也称为 sink node)是一个特殊的节点，可以通过 Internet、移动通信网络、卫星等与监控中心通信。也可以利用无人机飞越网络上空，通过网关采集数据。

4.3.2 无线传感器网络的体系结构

无线传感器网络是由部署在监测区域内大量的廉价微型传感器节点组成，并通过无线通信的方式形成的一个多跳的自组织的网络系统。其目的是协作地感知、采集和处理网络覆盖的地理区域中感知对象的信息，并发布给观察者。

无线传感器网络由无线传感器、感知对象和观察者三个基本要素构成。无线是传感器与观察者之间、传感器之间的通信方式，能够在传感器与观察者之间建立通信路径。无线传感器的基本组成和功能包括如下几个单元：电源、传感部件、处理部件、通信部件和软件等。此外，还可以选择其它的功能单元，如定位系统、移动系统以及电源自供电系统等。图 4-23 所示为传感节点的物理结构。传感节点一般由传感单元、数据处理单元、GPS 定位装置、移动装置、能源(电池)及网络通信单元(收发装置)等六大部件组成，其中传感单元负责被监测对象原始数据的采集，采集到的原始数据经过数据处理单元的处理之后，通过无线网络传输到一个数据汇聚中心节点(Sink)，Sink 再通过因特网或卫星传输到用户数据处理中心。

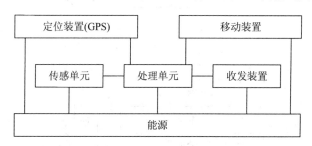

图 4-23　传感节点的物理结构

借助于节点内置的形式多样的感知模块测量所在环境中的热、红外、声纳、雷达和地震波信号，从而探测包括温度、湿度、噪声、光强度、压力、土壤成分、移动物体的大小、速度和方向等众多我们感兴趣的物质现象。而节点的计算模块则完成对数据进行简单处理，再采用微波、无线、红外和光等多种通信形式，通过多跳中继方式将监测数据传送到汇聚节点，汇聚节点将接收到的数据进行融合及压缩后，最后通过 Internet 或其它网络通信方式将监测信息传送到管理节点。同样地，用户也可以通过管理节点进行命令的发布，通知传感器节点收集指定区域的监测信息。图 4-24 给出了一个传感器网络的结构。在图 4-24 中，网络中的部分节点组成了一个与 Sink 进行通信的数据链路，再由 Sink 把数据传送到卫星或者因特网，然后通过该链路和 Sink 进行数据交换并借此使数据到达最终用户手中。

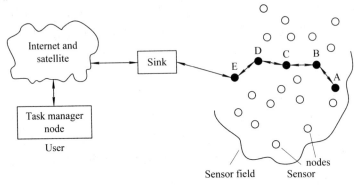

图 4-24　无线传感器网络的体系结构

　　无线传感网的传感器网络相对于传统网络，其最明显的特色可以用六个字来概括，即"自组织，自愈合"。自组织是指在无线传感网中不像传统网络需要人为指定拓扑结构，其各个节点在部署之后可以自动探测邻居节点并形成网状的最终汇聚到网关节点的多跳路由，整个过程不需人为干预。同时整个网络具有动态鲁棒性，在任何节点损坏，或加入新节点时，网络都可以自动调节路由，随时适应物理网络的变化。这就是所谓的自愈合特性。

4.3.3　无线传感网络协议栈

　　传感器网络体系结构具有二维结构，即横向的通信协议层和纵向的传感器网络管理面。通信协议层可以划分为物理层、链路层、网络层、传输层、应用层，而网络管理面则可以划分为能耗管理面、移动性管理面以及任务管理面。

　　如图 4-25 所示为符合开放式系统互连模式无线传感网典型协议堆栈 OSI。

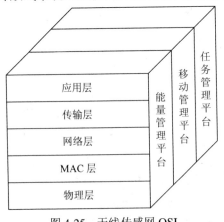

图 4-25　无线传感网 OSI

下面对各层通信协议层和管理平台分别作一介绍。

1. 通信协议层

1) 物理层

物理层负责数据传输的介质规范，如是无线还是有线；还规定了工作频段、工作温度、数据调制、信道编码、定时、同步等标准。为了确保能量的有效利用，保持网络生存时间的平滑性能，物理层与介质访问控制(MAC)子层应密切关联使用。物理层的设计直接影响到电路的复杂度和传输能耗等问题，研究目标是设计低成本、低功耗和小体积的传感器节点。

2) 数据链路层

由于网络无线信道的特性，环境噪声、节点移动和多点冲突等现象在所难免，而能量问题又是传感器网络的核心问题。因此，数据链路层除了要完成传统网络数据链路层数据成帧、差错校验和帧检测等功能外，最主要的是设计一个适合于传感器网络的介质访问控制方法(MAC)，以减少传感器网络的能量损耗，或者说减少无效能耗损失。传感器节点的无效能耗主要有以下四个来源：

(1) 空闲侦听：节点不知道邻居节点何时向自己发送数据，射频收发模块必须一直处于工作状态，消耗大量能源，是无效能耗的主要来源。

(2) 冲突：同时向同一节点发送多个数据帧，信号相互干扰，接收方无法准确接收，重发造成能量浪费。

(3) 串扰：接收和处理发往其他节点的数据，属于无效功耗。

(4) 控制开销：控制报文不传送有效数据，消耗的能量对用户来说是无效功耗。

由于传感器网络不同于传统无线网络的众多特性，使得 802.11 无线局域网标准不完全适用于无线传感器网络，而 802.15 标准由于其能量损耗相对较小，在 MICA MOTE-KIT 系列传感器节点中有所应用。针对这种情况，S-MAC、T-MAC 和 D-MAC 将时间分成多个确定长度帧的策略，为每个帧分别指定不同的功能，将帧内分为工作阶段、休眠阶段和唤醒阶段等几个不同步骤，有效地减少了空闲侦听的无效能耗。Wise MAC 和 B-MAC 采用信道评估和退避算法等方法减少信道侦听、冲突和串扰，但增加了控制开销。BMA 采用数据融合技术将传感器节点管理分为簇建立阶段和稳定状态阶段，减少了控制性信息。

可见，介质访问控制方法是否合理与高效，直接决定了传感器节点间协调的有效性和对网络拓扑结构的适应性；合理与高效的介质访问控制方法能够有效地减少传感器节点收发控制性数据的比率，进而减少能量损耗。

3) 网络层(NWK)

网络层用于实现数据融合，负责路由发现、路由维护和路由选择，使得传感器节点可以进行有效的相互通信。路由算法执行效率的高低，直接决定了传感器节点收发控制性数据与有效采集数据的比率。控制性数据越少，能量损耗越少；控制性数据越多，能量损耗越多，从而影响到整个传感器网络的生存时间，可以说"路由算法"是网络层的最核心内容。

4) 传输层

如果信息只在传感器网络内部传递，传输层并不是必需的。但如果要想使传感器网络通过 Internet 或卫星直接与外部网络进行通信，则传输层必不可少。由于传感器网络的研究还处于初期阶段，大多数的研究都还只停留在物理层、数据链路层和网络层。据不完全统计，到目前为止，还没有一个专门的传感器网络传输层协议。如果传感器网络要通过现有的 Internet 网络或卫星与外界通信，必然需要将传感器网络内部以数据为基础的寻址，变换为外界的以 IP 地址为基础的寻址，即必须进行数据格式的转换。那么，即使专门为传感器网络设计一个传输层协议，它还是不能和外界网络通信。也就是说，现在迫切要做的不是设计一个新的传感器网络传输层，而是要解决传感器网络内部寻址和外部网络寻址的格式转换问题。对于传感器网络传输层的研究大多以 IP 网络的 TCP 和 UDP 两种协议为基础，主要是改善数据传输的差错控制、线路管理和流量控制等技术指标。

5) 应用层

根据应用的具体要求的不同，不同的应用程序可以添加到应用层中，它包括一系列基于监测任务的应用软件。

2. 管理平台

管理平台包括能量管理平台、移动管理平台和任务管理平台。这些管理平台用来监控传感器网络中能量的利用、节点的移动和任务的管理。它们可以帮助传感器节点在较低的能耗的前提下协作完成某些监测的任务。

1) 能量管理平台

能量管理平台可以管理一个节点怎样使用它的能量。例如一个节点接收到它的一个邻近节点发送过来的消息之后，它就把它的接收器关闭，避免收到重复的数据。同样，一个节点的能量太低时，它会向周围节点发送一条广播消息，以表示自己已经没有足够的能量来帮它们转发数据，这样它就可以不再接收邻居发送过来的需要转发的消息，进而把剩余能量留给自身消息的发送。

2) 移动管理平台

移动管理平台能够记录节点的移动。

3) 任务管理平台

任务管理平台用来平衡和规划某个监测区域的感知任务，因为并不是所有节点都要参与到监测活动中，在有些情况下，剩余能量较高的节点要承担多一点的感知任务，这时需要任务管理平台负责分配与协调各个节点的任务量的大小。

有了这些管理平台的帮助，节点可以以较低的能耗进行工作，可以利用移动的节点来转发数据，可以在节点之间共享资源。

4.3.4 无线传感网络的支撑技术

1. 定位技术

无线传感器网络的节点定位技术是无线传感器网络应用的基本技术，也是关键技术之一。我们在应用无线传感器网络进行环境监测，从而获取相关信息的过程中，往往需要知道所获得数据的来源。例如在森林防火的应用场景中，我们可以从传感器网络获取到温度异常的信息，但更重要的是要获知究竟是哪个地方的温度异常，这样才能让用户准确知道发生火情的具体位置，从而迅速有效地展开灭火救援等相关工作；又比如，在军事战场探测的应用中，部署在战场上的无线传感器网络只获取"发生了什么敌情"这一信息是不够的，只有在获取到"在什么地方发生了什么敌情"这种包含位置信息的消息时才能让我军做好相应的部署。因此，定位技术是无线传感器网络的一项重要技术，也是一项必需的技术。

在传感器网络节点定位技术中，根据节点是否已知自身的位置，把传感器节点分为信标节点(Beacon Node)和未知节点(Unknown Node)。信标节点在网络节点中所占的比例很小，可以通过携带 GPS 定位设备等手段获得自身的精确位置。信标节点是未知节点定位的参考点。除了信标节点外，其他传感器节点就是未知节点，它们通过信标节点的位置信息来确定自身位置。在图 4-26 所示的传感网络中，M 代表信标节点，S 代表未知节点。S 节点通过与邻近 M 节点或已经得到位置信息的 S 节点之间的通信，依据定位算法计算出自身的位置。

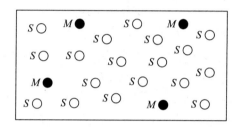

图 4-26　传感器网络中信标节点和未知节点

2. 时间同步

1) 时间同步的重要性

无线传感器网络的应用通常需要一个适应性比较好的时间同步服务，以保证数据的一致性和协调性。时间同步是数据感知和控制所必需的，而且，在无线传感器网络中很多常用的服务，包括协调、通信、安全、电源管理和分布式登录等，都依赖于现有的全局时间。

时间同步关系到传感器网络能否正确实施，主要由于：

(1) 当考虑到通过感知数据确定事情的发生次序时，保证一个能够全局同步的时钟是至关重要的。没有这样的全局机制会导致传感器节点中出现来源于本地时钟的不正确时间戳。而当基站汇集数据时，来自不同节点的不正确时间戳可能导致基站对实际时间事件进行错误的重排或颠倒次序。

(2) 时间同步对有效维持较低的活动周期也很重要。传感器网络的大部分时间应该处于睡眠状态以保存能量，但在时间很短的活跃状态期间，其邻居节点必须进行一起同步才能保证数据包能迅速通过多跳达到基站。如果睡眠时间没有同步或随机，那么邻居节点可能处于睡眠周期而没有及时响应数据包的转发，数据传送时间就被延长。

(3) 时间同步对于常用的解释访问控制协议(如 TDMA)的实施也是必不可少的，但是无线传感器网络的时间同步也面临很多挑战。

2) 时间同步技术的主要性能参数

时间同步技术的主要性能参数有：

(1) 最大误差：一组传感器节点之间最大时间差或相对外部标准时间的最大差值；

(2) 同步期限：节点保持时间同步的时间长度；

(3) 同步范围：节点保持时间同步的区域范围；

(4) 可用性: 范围覆盖的完整性;

(5) 效率: 达到同步精度所需经历的时间以及消耗的能量;

(6) 代价和体积: 需要考虑的节点的价格和体积。

3. 安全技术

由于传感节点大多被部署在无人照看或者敌方区域,传感器网络安全问题尤为突出。事实上,缺乏有效的安全机制已经成为传感器网络应用的主要障碍。尽管在传感器网络安全技术研究方面已经取得了较大的成绩,许多传感器网络安全技术已经被提议,但是由于在传感器网络协议设计阶段,没有考虑安全问题,因此没有形成完善的安全体系,传感器网络存在着巨大的安全隐患。

传感器网络安全技术研究和传统网络有着较大区别,但是它们的出发点都是相同的,均需要解决信息的机密性、完整性、消息认证、组播/广播认证、信息新鲜度、入侵监测以及访问控制等问题。无线传感器网络的自身特点(受限的计算、通信、存储能力,缺乏节点部署的先验知识,部署区域的物理安全无法保证以及网络拓扑结构动态变化等)使得非对称密码体制难以直接应用,实现传感器网络安全存在着巨大的挑战。

不同应用场景的传感器网络,安全级别和安全需求不同,如军事和民用对网络的安全要求不同。传感器网络的安全目标以及实现此目标的主要技术如表4.3所示。

表 4.3 传感器网络安全目标

目 标	意 义	主要技术
可用性	确保网络能够完成基本的任务,即使受到攻击	冗余、入侵检测、容错、容侵、网络自愈和重构
机密性	保证机密信息不会暴露给未授权的实体	信息加、解密
完整性	保证信息不会被篡改	MAC、散列、签名
不可否认性	信息员发起者不能够否认自己发送的信息	签名、身份认证、访问控制
数据新鲜度	保证用户在制定时间内得到所需要的信息	网络管理、入侵检测、访问控制

4. 数据融合

所谓数据融合,是将来自多个传感器和信息源的数据信息加以联合、相关和组合,剔除冗余信息,获得互补信息,以便能够较精确地估计出节点的位置和在网络中的地位,以及对现场情况及其传送数据的重要程度进行适时的完整的评价。

对于无线传感器网络系统来说,信息具有多样性和复杂性,因此对数据融合方法的基本要求是具有鲁棒性和并行处理能力。由于来自各种不同传感器的数据信息可能具有不同的特征,于是相应地出现了多种不同的数据融合方法。

数据融合的方法有: ① 基于生成树的数据融合; ② 消除时空相关性的数据融合; ③ 路由驱动型数据融合; ④ 基于预测的时域数据融合; ⑤ 基于分布式压缩的数据融合。

由于国内外的 WSN 研究日趋热烈,在数据融合方面取得了很多研究成果。但是,在WSN 中进行数据融合,除了其本身固有的资源和能量制约,仍面临如下的一些挑战:① 对连续数据流的处理,在周期性监测应用中,需要传感器节点周期性地传送数据,相邻轮次的数据采集具有一定的相关性,需要利用历史信息等减少传输的数据量;② 无线多跳网络,传感器节点需要协作进行数据传输;③ 资源开销,在许多 WSN 的应用场合中,数据融合的能量开销是不能忽略不计的，如在音视频传感器网络应用或加密传输的 WSN 应用中，数据融合开销和数据传输开销非常接近，而且这类应用还将越来越普遍；④ 安全问题，无人值守和恶劣的应用环境特点要求所采用的数据融合技术是安全的，因为攻击者能够通过对传感器节点进行攻击，获得对捕获节点的完全控制权，使得捕获节点能发送伪造的数据以改变整个融合结果。

传感网具有以下特点：

(1) 传感器节点数目大，采用空间位置寻址；

(2) 传感器节点具有数据融合的能力；

(3) 传感网的拓扑结构容易变化；

(4) 传感网是以数据为中心的网络；

(5) 传感器节点的能量、计算能力和存储量有限。

4.3.5 无线传感器网络的应用与其制约应用的因素

1. 应用

无线传感器网络的研究主要集中在通信(协议、路由、检错等)、节能和网络控制三个方面，目前都已经有了比较成熟的解决方法，为无线传感器网络投入实际应用提供了理论基础。传感器网络低成本、低功耗的特点，使其可以大范围地散布设置在一定区域，即使是人类无法到达的区域，都能正常工作，应用面比较广泛。目前的无线传感器网络常应用于军事、环境监测、医疗健康、智能交通、空间探测、工业生产等领域。

1) 军事应用

从某种意义而言，无线传感器网络的产生正是源于网络在军事应用上的需求，因此在军事上的应用非常贴近无线传感器网络本身的概念。纵观无线传感器网络在战场上的应用主要是信息收集、跟踪敌人、战场监视、目标分类。

无线传感器网络由低成本、低功耗的密集型节点构成，拥有自组织性和相当的容错能力，即使部分节点遭到恶意破坏，也不会导致整个系统的崩溃，正是这一点保证了无线传感器网络能够在恶劣的战场环境下工作，从而最大程度地减少器件的灭损和人员伤亡，同时提供准确可靠的信息传输。

除了在战争时期，和平年代也能应用无线传感器网络进行国土安全保护、边境监视等应用。例如，曾利用埋设地雷来保卫国土，防止入侵的措施，这种防卫措施同时对本国也带来了巨大的安全威胁，取而代之的可能是成千上万的传感器节点，通过对声音和震动信号的分类分析，探测敌方的入侵。目前美国弗吉尼亚大学已经着手研究和开发这一系统。

2) 环境监测

无线传感器网络应用于环境监测，能够完成传统系统无法完成的任务。环境监测应用领域包括植物生长环境、动物活动环境、生化监测、精准农业监测、森林火灾监测、洪水监测等。在印度西部多山区域监测泥石流部署的无线传感器网络系统，目的是在灾难发生前预测泥石流的发生，采用大规模、低成本的节点构成网络，每隔预定的时间发送一次山体状况的最新数据。Intel 公司利用 Crossbow 公司的 Mote 系列节点在美国俄勒冈州的一个葡萄园中部署了监测其环境微小变化的无线传感器网络。此外，传感器网络为获取野外的研究数据也提供了方便，例如，哈佛大学与北卡罗莱纳大学的合作项目，通过无线传感器网络收集震动和次声波信息并加以分析，进行火山爆发的监测；澳大利亚的新南威尔士大学利用无线传感器网络跟踪一种名为Cane-toad的癞蛤蟆，了解它们在澳大利亚的分布情况；UCBerkeley大学在红杉树上布置无线传感器网络，连续监测44天红杉树的生长情况，收集温度、湿度、光合作用等信息。

3) 医疗健康

随着无线传感器网络的不断发展，它在医疗健康方面也得到了一定的应用。医生可以利用传感器网络，随时对病人的各项健康指标以及活动情况进行监测，为远程医疗技术的发展提供了很大的便利。Intel研究中心利用无线传感器网络开发的老人看护系统，实时检测他们的健康问题，sensor节点被安置在老年人身上，能够感知到各项行动，并相应地作出正确提醒，记录下老年人的全部活动，为老年人的健康安全提供保障。

4) 智能交通

1995年，美国交通部提出了到2025年全面投入使用的"国家智能交通系统项目规划"。该计划利用大规模无线传感器网络，配合GPS定位系统等资源，除了使所有车辆都能保持在高效低耗的最佳运行状态，自动保持车距外，还能推荐最佳行驶路线，对潜在的故障可以发出警告。中国科学院沈阳自动化所提出了基于无线传感器网络的高速公路交通监控系统，节点采用图像传感器，在能见度低、路面结冰等情况下，能够实现对高速路段的有效监控。

5) 其它应用

除此之外，无线传感器网络在空间探测、工业生产、物流控制以及其他一些商业领域有着广泛的应用。美国宇航局(NASA)研制Sensor Webs，为将来火星探测做准备；英国石油公司(BP)利用无线传感器网络以及RFID技术，对炼油设备进行监测管理；许多大公司利用无线传感器网络对仓库货物进行控制。传感器网络低成本、低功耗，并且可以自组织地进行工作，为其在各个领域的应用奠定了基础，必将会孕育出越来越多新的应用领域。

2. 制约因素

无线传感器网络技术的实际应用过程中主要存在着以下制约因素：

1) 成本

传感器网络节点的成本是制约其大规模广泛应用的重要因素，需根据具体应用的要求均衡成本、数据精度及能量供应时间。

2) 能耗

大部分的应用领域需要网络采用一次性独立供电系统，因此要求网络工作能耗低，延长网络的生命周期，这是扩大应用的重要因素。

3) 微型化

在某些领域中，要求节点的体积微型化，对目标本身不产生任何影响，或者不被发现以完成特殊的任务。

4) 定位性能

目标定位的精确度和硬件资源、网络规模、周围环境、描点个数等因素有关。目标定位技术是目前研究的热点之一。

5) 移动性

在某些特定应用中，节点或网关需要移动，导致在网络快速自组上存在困难。该因素也是影响其应用的主要问题之一。

6) 硬件安全

在某些特殊环境应用中，例如海洋、化学污染区、水流中、动物身上等，对节点的硬件要求很高，需防止受外界的破坏、腐蚀等。

影响无线传感器网络实际应用的因素很多，而且也与应用场景有关，需要在未来的研究中消除这些因素带来的障碍，使网络可以应用到更多的领域。

思考题与习题

(1) ZigBee 网络的基本结构、特点是什么？应用中应注意什么问题？

(2) 计算机网络与无线通信技术相结合将会有什么结果？

(3) 简述 FDMA、TDMA、CDMA 的原理和应用特点。

(4) 传感器网络由哪几部分组成？它有哪些特点？

(5) 你能设计一个传感网应用方案吗？比如医疗监护。

第 5 章　物联网应用及云计算

物联网是继计算机网络和互联网之后对当今人类的社会生活、科技、文化、工业、农业、国防等产生重大影响的新技术。目前，物联网技术的应用已经在众多领域产生了不凡的经济效益和社会效益。本章简要介绍几个应用的例子，然后简介云计算和普适计算的概念。

5.1　智慧水利：太湖监测

水是人类社会最重要的自然资源之一。随着全球气候变暖和社会经济的不断发展，我们正面临着水资源短缺、水灾频发、水环境污染恶化和水土流失的威胁。如何利用物联网信息技术加强水资源的管理，是当前我们面临的一个重要课题。

所谓智慧水利，就是用数字化、信息化的方法对水利设施的规划、防汛管理、抗旱管理、水资源调度、水环境保护、水土流失的监测与管理等各方面进行全面的网络化、智能化干预和优化。近几年来，全国不少地区已取得了初步成果，如城市水资源实时监控管理系统、全国水土保持监测网络和信息系统、黄河水资源管理与调度系统、松花江洪水管理系统、贵州水土保持监测与信息系统等。全国有 18 个省级行政区、24 个城市开展了水资源实时监控，各类监测点有 337 处，有 29 个灌区开展了信息化建设试点。

太湖是我国江、浙、沪地区的重要大湖。它对该地区的经济社会发展影响很大。可是近 10 年来，太湖的水质受到了严重的污染。国家和地方政府投入大量人力、物力对环太湖水文进行监测和管理，监测项目主要指标是温度、色度、浊度、PH 值、电导率、悬浮物、溶解氧、生物需氧量，还有有毒物质，如酚、氰、砷、铅、铬、镉、汞和有机农药等。

从 2010 年起，无锡市启动"感知太湖，智慧水利"物联网示范工程。用物联网技术对太湖水环境进行实时监控。工程建设 20 个蓝藻监测点，其中三个点在湖中心，湖岸边建 17 个点。湖中心的监测点装有专用传感器与高清摄像机，如图 5-1 所示。

图 5-1　太湖水面监控现场

"感知太湖"系统是由智能模式识别的自适应蓝藻湖泛传感器、实时蓝藻感知传输无线网络节点设备、蓝藻打捞船载、车载智能终端等新型设备支撑。它成为感知太湖的温度、PH值、氨氮含量等近40个指标的"千里眼"和智能器。提高了对太湖水质的感知、监控、调度和管理的信息化程度。2011年6月公布的监控结果,太湖水质与2009年相比,高锰酸盐指数、总氮、总磷和富营养化指标分别下降了1.1%、1.5%、2.3%和0.5%。与"十五"末相比,太湖无锡水域水质改善幅度较大,其中总氮浓度下降了28.7%,总磷浓度下降了15.2%。可见,运用物联网技术后,太湖水质有了明显的改善。

5.2　智慧机场:监控与安防

现代化的智能航空管理系统已出现在世人面前。过去所采用的一般是模拟式的电子信息系统管理机场。它的缺点是速度慢、对象简单、漏洞多、操作繁等。采用物联网技术,可以将机场全方位进行自动化、视频化的智能管理,大大方便了旅客和管理者。

机场智能监控系统是实现物联网整体架构的典型例子。从数据采集到网络传输,再到信息处理及控制,进行全面规划和整体设计。如图5-2所示,它是把物联网的感知层、网络传输层和应用层的系统具体化。

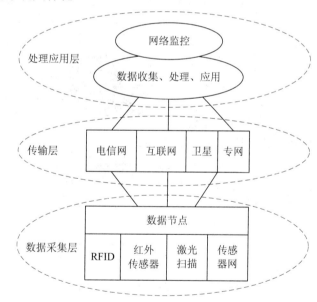

图5-2　物联网

机场监控系统的解决方案有多种,大体包括以下方案(模块)。

(1) 视频采集。运用各种用途的摄像机,可以看清不同位置出现的人与物。例如可用4/6英寸高速球形摄像机,以 0.01~500°/s 的旋转速度可以快速旋转到预置位上查看现场。对于光照不佳的场区,可以使用红外补偿摄像机,以得到清晰的视频。

(2) 光纤传输。对现场采集到的图像通过视频线、光纤传送到监控中心。在这里对信息进行编码、处理,再通过网络矩阵上传指挥中心。

(3) 综合处理。机场管理现场除了人与物的变化信息外,还有大量的机场内部的信息,如航班流量、交通管制、安检分析、场外入侵等。如此大量的内、外信息必须综合分析与处理。所用的模块可以根据需要灵活处理。可以用智能 DSP 芯片、IVSBOX、PCI 智能监控卡等。也可以使用清远华程开发的 Winen 无线传感网技术，以实现综合监控。图 5-3 和图 5-4 是两种监控方案的简单框图。

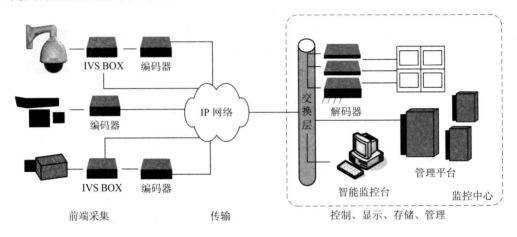

图 5-3　基于网络的数字解决方案

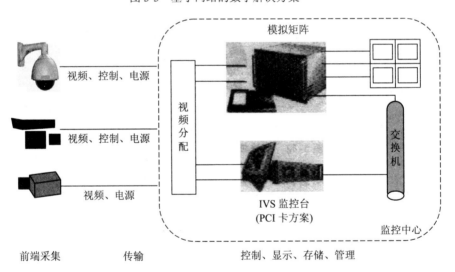

图 5-4　传统模拟监控升级方案

在青岛国际机场，如图 5-5 所示，已经运用物联网技术实现了智能网络监控和门禁报警控制系统。

机场监控的另一个重要问题是防入侵项目。在无锡率先启动的防入侵传感网示范工程已进入实用阶段。首先在机场边界隔离网装上传感器，一旦有人靠近，上方就会不断响起警示话音，监控室网络同时显示"有入侵倾向"。若有人攀爬，则显示"一级入侵"；继续攀爬，显示"二级入侵"；爬到最高处，则发出"三级入侵"警告。该项目已用于无锡机场、浦东机场和上海世博会。图 5-6 所示为上海世博园区边界的"隐形卫士"。这一道长达 16 km 的电子围栏为园区安全保驾护航。

图 5-5　青岛国际机场全景监控

图 5-6　上海世博园物联网电子墙

5.3　智能交通系统

物联网技术较早的应用领域之一就是交通运输系统。因为发达国家比较早地遇到汽车量增加、城市交通阻塞、交通事故频发、环境破坏、能源短缺等难题，所以必须应用信息技术改善交通状况和管理。以美国为例，从 1991 年开始，美国就投巨资着手研究交通的智能化管理问题。由于计算机技术、通信技术、控制技术、GPS 和传感器技术已经相当成熟，为实现智能交通提供了条件。目前，美国交通设施的 80% 以上已经使用了智能交通系统 (ITS)。

在欧洲，从 20 世纪 80 年代末开始由 19 个国家政府联合研究交通的现代化管理，他们称为"尤里卡"计划。由于欧洲的国家都比较小，他们特别关注交通的智能网络问题。即除了公路交通外，外加航运、铁路和海运。这样一个综合的智能交通系统符合欧洲的特点。

日本从 1994 年起成立了"道路、交通、车辆智能化推进协会"，1998 年 8 月，政府又主导公布了"公路、交通、车辆领域信息化实施方针"。从而在交通信息发布、电子收费、公共交通管理、车辆安全管理、车辆导航定位等方面形成了可行的体系。

我国从 2000 年开始，由政府牵头，成立了"全国智能交通系统指挥协调小组"。北京、上海、天津等 10 个城市列为试点进行技术实施。2005 年后，全国各地进入快速发展阶段。目前，我国在车载调度管理、交通流量管理、不停车收费系统、智能停车位管理、交通要素的身份认证系统、交通导航和交通运输联网平台等方面的应用水平已经接近发达国家的水平。上海世博会的智能交通管理系统成为典型的代表。

如何从"感知交通"到"智慧交通"，必须认真开发利用如下技术：

(1) 构成数字城市的卫星遥感技术(RS)；

(2) 空间定位系统(GPS)；

(3) 地理信息系统(GIS)；

(4) 计算机虚拟现实与仿真技术；

(5) 无线传感网技术；

(6) 传感器、物联网技术。

图 5-7～5-9 为江南大学研发应用的智能交通管理系统的示例。

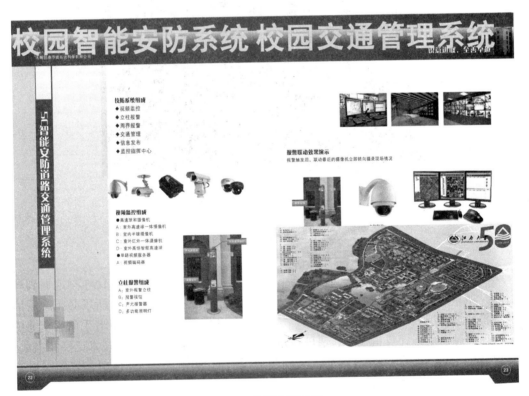

图 5-7　校园交通管理

报警联动效果演示

图 5-8　交通报警监控

交通管理

校区出入口车牌识别

- 车道、颜色、车牌号、
  车速、车间距

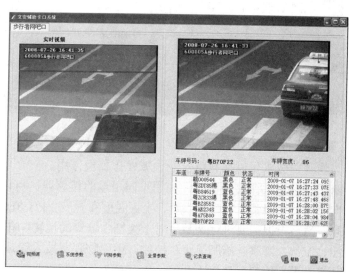

图 5-9　智能测速等

5.4　智慧农业：环境测控

我国是一个"地大物博、人口众多、耕地太少、用粮太多"的国家。虽然有 960 万平方公里的陆上面积，但耕地只有 122.5 万平方公里。占人口 70% 的农业人口以及城市人民的吃饭问题是我国长期重视的大问题。农业发展的根本出路在于从粗放型向精细型、信息化方向发展。数字化、物联网技术在农业现代化建设中将发挥重要作用。

农业信息化所要实现的目标主要有：

(1) 智能化地理环境的遥感、遥测信息；

(2) 智能化种植培育；

(3) 水产养殖环境监测；

(4) 自动节水灌溉；

(5) 农业种植、收获、运输信息管理；

(6) 农副产品的存储与安全；

(7) 旱、涝期的农业田间管理。

在最近10多年来，我国已经建立了精细农业的试验区。从改良种子、农田管理、土壤数据、自然条件、作物苗情、病虫草害等方面进行监控。对于重点作物建立植物工厂。对于主产作物，如水稻、小麦、苞谷等，把专家的智慧和现代化技术相结合，在小区域实验后再大面积推广。

图5-10和图5-11是两个典型的例子。

图5-10 植物工厂监控

图5-11 水稻栽培

物联网技术可以在智慧农业领域发挥积极作用。一个典型的应用就是利用无线传感网对农田及温室大棚实施监控。利用不同用途的传感器，可以实时监测到空气温度和湿度、风向风速、光照强度、CO_2浓度、土壤温度和湿度、PH值、离子浓度、植物病虫害等有关信息，然后根据需要进行调节。对于大棚中培育的植物、花卉、蔬菜等，可以随时对温度、光照、空气、灌溉、施肥等跟踪控制。运用物联网技术管理的蔬菜在成长期、产量、质量、外观等方面都比自然环境下要好。以黄瓜为例，其采收期可达9～10个月，平均每株采收80条，平均产量为$60 \, kg/m^2$，大大提高了产量和效益。

我国近几年水产养殖业发展迅速，其中无线传感网技术发挥了很大作用。现在应用的水产养殖监控系统，实时对水质、水温、PH值、溶氧量等参数进行自动监测，并逐步从池塘养殖走向工厂化养殖，而且因为是互联网加物联网模式，所以具备了开放性、互联性、分布式、远距离操作优势。图5-12是养殖环境监控系统基本架构，其思想完全可以移植到其他类似的环境中去。

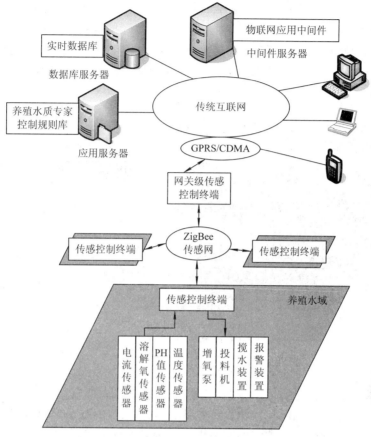

图 5-12　环境监控系统典型架构

5.5　健康监护网

健康监护网是指通过移动设备和传感器捕捉人们的生理状态，如体力活动水平、血压、心跳、葡萄糖水平以及其他重要的生命指数，并将这些数据上传到个人电子健康档案中，供医生或个人随时随地进行调阅，从而让医生帮助人们建立健康的生活方式，并提早对疾病进行监控和预防。图 5-13 给出了医疗传感网人体若干信息的示意图。

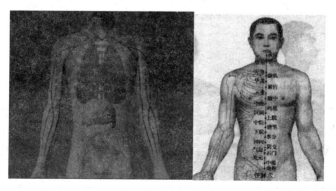

图 5-13　医疗传感网人体若干信息示意图

传感器是感知人体信息的前端，它能收集到很多有特征的数据。用于治疗、医护的传感器一般可分为两种，一种是可以移植到人体之内的；一种是佩戴在体表的，譬如对脉搏、血压、心跳运动的监测。从外观上看，传感器的形态也非常简单，有的传感器类似于手表戴在手腕上，有的则像耳机一样戴在耳朵上，有的放在鞋里，还有的像创可贴一样贴在身体的某个部位上。可穿戴的传感器如图 5-14 所示。

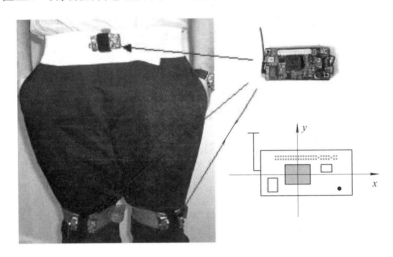

图 5-14　可穿戴的传感器

传统的健康监控模式包括日常监测、体检和看病这几大部分。日常监测通常是在家里完成的，家庭中经常备有的医疗监测设备包括血压计、血糖仪、体重秤、体温计等，它们能帮助人们实现日常的健康监测。但这些设备很少能随身携带，因此只能实现固定位置的健康监控，无法做到随时随地的监测。

随着 3G 无线技术的成熟与应用，手机和传感器可以通过蓝牙进行连接，手机能够接收到传感器发出的信号。传感器收集到的数据可以传递到手机上，这样人们就可以"拿着手机走到哪儿测到哪儿"。

大量的健康监测数据被收集之后，对其进行分析和利用则依靠传感网的后端——云计算平台。云计算能够在后端实现一系列数据分析、数据挖掘、数据搜索等工作，在强大的云计算平台支撑下，大量的健康监测数据不需要人工去计算和分析就可以快速转换成实用方便的健康指导信息，并可以随时发送到手机上，提醒人们应该注意哪些问题，从而做到防患于未然。

5.6　云　计　算

前面说到，物联网的应用可以遍及工业、农业、社会生活的各个领域。如此海量的信息如何才能有效地互联互通，云计算就是支撑物联网的环境之一。

云计算(Cloud Computing)的概念，最早是由美国计算机科学家麦卡锡于 1961 年提出的。他在一次演讲中指出，将来使用计算机资源就像使用水、电、煤那样方便。通俗地说，云计算就是 IT 行业的自来水公司，它可以为用户服务，按量收费。云计算的形象示意如图 5-15

那样，大量的信息资源都在"云"中，客户不论在什么地方，都可以与"云"对话，请"云"服务。

图 5-15　云计算形象图

如何从技术的角度理解云计算呢？这里不妨介绍其基本特点：

(1) 云计算是一种基于互联网的计算模式，它通过互联网给用户提供计算、数据、资源服务。虽然"云深不知处"，但用户只要得到满意的服务即可。

(2) 云计算是互联网计算模式的商业实现方式。"云"中可以有成千上万台计算机，其中的资源可以无限扩展。用户可以通过个人电脑、笔记本、手机，通过互联网向"云"要求各种服务。图 5-16 为云计算的组成框图。

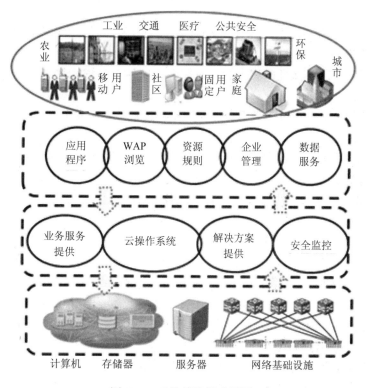

图 5-16　云计算的组成框图

云计算的类型有四种：一是公共云，即以服务方式提供给公众用户，也称为服务云。

它为用户提供各种各样的 IT 资源，用户只要按得到的资源付费即可。二是私有云，即"云"服务商给企事业用户提供网络、计算机、存储空间、IT 资源等，它们都设在企事业单位防火墙的内部。私有云又称为基础设施云。三是应用程序云，即向用户提供各种软件。四是混合云，即公有云和私有云的混合，一般由企业创建。图 5-17 为云的分类图。

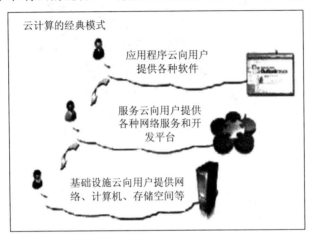

图 5-17　云计算分类

云计算有如下优点：

(1) 虚拟式服务。用户无需自己建立数据中心，由云服务商提供信息，这样就降低了成本，提高了频率。

(2) 按需服务，实时便捷。"云"是一个庞大的资源池，用户不必知道云服务的过程，通过网络各取所需。

(3) 安全可靠。云计算可以集中优势对硬件、软件网络进行优化，比各自为政的系统可靠。

(4) 超大规模。"云"可以由数万台服务器组成集群，以形成无限空间、无限速度的"深云"，满足用户要求。

正是由于云计算有如上的优点，所以它已成为物联网发展的基石。在无锡，2009 年第一个落户的云计算企业是江苏太湖云计算信息技术公司，第二年就实现了销售收入 2000 万元。该公司推出的私有云解决方案、共有云服务、虚拟桌面云解决方案，以及智慧商务电子等都已走向了市场。

在国外，云计算已有多个应用平台。如 Google 公司于 2008 年 4 月推出的 Google App Engine；微软公司于 2008 年 10 月推出的 Windows Azure Platform；IBM 公司于 2007 年 11 月推出的蓝云(Blue Cloud)计算平台；亚马逊公司推出的 Amazon 云计算平台等。

不过，云计算系统的发展刚刚起步，还有许多问题需要面对。

(1) 标准化问题。云计算目前还没有统一标准，服务商各自推行自己的系统，当服务范围扩大或兼容性不足时，将不利于发展。

(2) 数据的安全保护问题。因为用户的大量数据在网上交互后都存储在云端，如何保证用户信息不被泄漏的问题尚未解决。

(3) 产业链的成熟匹配问题。在服务层次上，当用户任务迁移到云环境之中后，不但需要巨大的工作量，而且那些硬件厂商和操作系统企业将如何与之共生？所有这些问题，都是未来必须解决的。

5.7 普适计算

今天的科学技术发展真是令人感叹。伴随着物联网、云计算、社会网概念的出现，普适计算(Ubiquitous Computing)新技术又展现在人们面前。1991 年，美国 36 岁的计算机科学家马克·维瑟(Mark Weiser)在《科学美国人》杂志上发表了《The Computer for the 21st Century》，正式提出普适计算的概念。

普适计算的核心概念，一是信息获取、处理、传输、存储以及提供服务的"无处不在"，即普遍性；二是信息获取、处理、传输、存储以及提供服务的"自动满足"，即随意性。它能把计算嵌入环境和日常生活中，使人们更自然地和所使用的工具而不是与计算机交互。计算机可以感知周围的人、机、物变化，从而根据周围环境的变化自动做出基于用户需要或者设定的行为，再把这些行为通过嵌有计算机的工具表达出来。普适计算使人们不再为了使用计算机而去寻找计算机。人们无论走到哪里，无论什么时间，都可以根据需要获取计算能力和所需要的服务。图 5-18 为一个示意图。

图 5-18　无处不在、无时不在的信息与处理

普适计算的特点如下：

(1) 普适计算体现人、机、物的融合。这种模式是建立在分布式计算、通信网络、移动计算、嵌入式系统、传感器等技术之上的。

(2) 普适计算体现随时、随地、随意性，即无处不在、无时不在的服务。

(3) 普适计算是以人为本，不是以计算机为本，是在信息空间和物理空间中实现"智能"服务。

(4) 普适计算的网络环境是互联网、物联网、移动网络、电话网、电视网和各种无线网络。这就自然形成无处不在的通信网络和无处不在的服务设备。例如所有的家电都是普适计算的服务设备。图 5-19 为各种家电的智能示意。

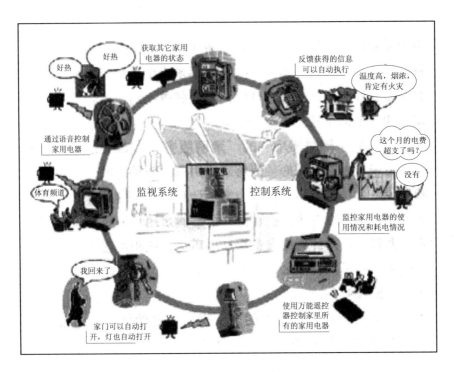

图 5-19 普适智能系统

(5) 普适计算提供智能服务的软件系统。它把各种操作系统在内的所有数据和程序存储在网络服务器上，构建成一个"知识云"，这种"知识云"通过"无所不在"的通信网络连在一起，形成为用户服务的"普适系统"。

普适计算概念的出现，一个以"计算机"、"人"和"物"相结合的"后 PC"虚拟时代正在到来。原有意义上的计算机，其发展路线图是：由大型机为中心发展到以个人电脑为中心，现在又进一步朝着"什么都是计算机"的方向发展。

思考题与习题

(1) 试设计一个煤矿井下安全采矿监控系统。

(2) 设计一个博物馆物联网监控系统，以感知温度、湿度、光照、腐蚀性气体、人员进出、周界监控等。

(3) 物联网技术可以用于养鱼、养虾、养蟹等养殖业，你能设计一个池塘养殖监控系统吗？

(4) 如何理解云计算和普适计算的概念？上网查阅它们的最新发展动态。

(5) 试设计一个物业小区的物联网监控系统。

第6章 感知校园：智慧监控

6.1 地球的呼唤

在我们居住的这个星球上，人口在繁衍，财富在增加，资源在消耗，环境在恶化，气候在变暖，地球在呻吟。

在 20 世纪的 100 年中，发达国家在工业化的进程中大约消费了全球 50% 以上的矿产资源和 60% 以上的能源。美国累计消耗了约 35 Gt 石油，7.2 Gt 钢，2 Gt 铅，10 Gt 水泥。

如果地球村的 70 亿人都按美国目前的生活方式消耗能源和其他资源，大约需要 5 个地球。表 6.1 是世界前 5 名 CO_2 排放大国实际或预估统计数据。

表 6.1　世界前 5 名 CO_2 排放大国实际或预估统计数据

	2005 年		2015 年		2030 年	
	Gt	排名	Gt	排名	Gt	排名
美国	5.8	1	6.4	2	6.9	2
中国	5.1	2	8.6	1	11.4	1
俄国	1.5	3	1.8	4	2.0	4
日本	1.2	4	1.3	5	1.2	5
印度	1.1	5	1.8	3	3.3	3

*注：来源为国际能源《2007 世界能源展望》。

地球的变化，在某种意义上讲就是"燃烧"，烧掉的是资源，留下的是污染，产生了 GDP。

环境污染是人类面临的一个严重问题。数据显示，全世界每年排放的固体废弃物超过 3 Gt，废水超过 600 Gt，废气中一氧化碳和二氧化碳排放 0.4 Gt。在我国，每年废水排放 36 Gt，导致 436 条河流和 43 个城市地下水受到污染，在 2 亿城市居民中仅有一半能有安全用水。每年排放二氧化碳 150 Gt，氮氧化物 4 Mt 多，还有大片土地造成污染。

科学发展，就是要消耗的资源越少越好，留下的污染越少越好，最好是零排放。前者叫资源节约，后者是环境友好。

低碳经济是低排放、低污染、低消耗、高效率的经济模式。是人类社会继原始文明、农业文明、工业文明之后的又一大进步。低碳经济的核心是技术创新、制度创新、管理创新和发展观的改变，实现节能减排。

当前，节能减排，保护地球的任务已摆在世界各国人民面前。否则，我们将面临生存危机。

科学家们研究发现，由于自然的演化和人类的活动，地球正面临如下 9 大危机(详见参考文献[6])。

1. 海洋酸化

(1) 安全界限：全球海洋的平均碳酸钙饱和度≥2.75∶1。

(2) 工业时代：3.44∶1。

(3) 目前水平：2.90∶1。

2. 臭氧层空洞

(1) 安全界限：臭氧层平均厚度≥276 个多布森单位。

(2) 目前水平：283 个多布森单位。

3. 淡水枯竭

(1) 安全界限：每年消耗淡水≤4000 km^3。

(2) 目前水平：每年消耗淡水 2600 km^3。到本世纪中期，将接近安全界限。

4. 物种灭绝

(1) 安全界限：每年物种灭绝率≤ 10^{-5}。

(2) 目前水平：每年灭绝率至少 10^{-4}。远超安全水平。

5. 氮循环失衡

(1) 安全界限：每年固氮量≤35 Mt。

(2) 目前水平：每年固氮量为 0.121 Gt。远超安全水平。

6. 田地匮乏

(1) 安全界限：无结冰土地被用于农业种植的量≤15%。

(2) 目前水平：已达 12%。

7. 气候变温

(1) 安全界限：大气中的二氧化碳浓度≤350 × 10^{-6}。

(2) 工业革命前期水平：280 × 10^{-6}。

(3) 目前水平：387 × 10^{-6}。

8. 气溶胶"超载"

安全界限：尚未认定。

9. 化学污染

安全界限：尚未认定。

挽救地球的出路在哪里？最根本的就是依靠技术创新，依靠制度创新，依靠管理创新。

6.2 感知校园：总体规划

从本节开始，我们将以江南大学的"感知校园、智慧监控"建设项目为例，介绍物联网技术在高校中的应用成果。

江南大学高度重视"数字化节约型学校"的建设，认为：创建节约型学校，建设节约型机关，是建设资源节约型、环境友好型社会的迫切需要，是共同应对我国资源相对紧缺，生态环境脆弱这一基本国情的唯一出路，是高校科学发展的必然选择。学校提出以科学发展观为统领，以先进科技力量为依托，以科学化管理理念为先导，以师生员工文明行为为基础，以节电节水工作为突破口，以配套规章制度为支撑，以提高合理利用资源效率为核心，以服务学校节约发展、科学发展、可持续发展为宗旨的工作原则和工作思路。通过五年多来的推进取得了显著成效，逐步从粗放型资源使用管理向集约化管理转变，从经验型管理向科学型转变。为把江南大学建设成为数字化、生态化、人文化校园，为创建数字化节约型校园，探索了道路，积累了经验，打下了基础。

1. 总体规划

江南大学从 2001 年起到 2005 年，占地 3000 多亩的新校区在太湖之滨初步建成。建筑面积 $1 \times 10^6 \text{ m}^2$，在校生 35 000 人。如此规模的大校区，面临着水、电大量消耗的压力。学校从 2006 年初开始规划数字化、信息化、智能化的节能减排系统项目。经过几年的建设，已取得明显成效，得到教育部、建设部的高度肯定。

在技术上，采用数字化、传感网、物联网系统工程技术，集成创新，顶层设计，达到感知校园、智慧监控的目的。

所要实现的目标函数如图 6-1 所示。

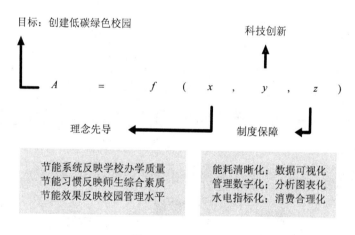

图 6-1　目标函数

学校的能耗监控系统设有以下六个子系统：

(1) 校园 3D 地理信息系统；

(2) 校园电能计量管理系统；

(3) 校园给水管网监测系统；

(4) 校园智能照明管理系统；

(5) 校园网络预付费电能管理系统；

(6) 校园能源综合分析系统。

图 6-2～6-4 是学校构建的能源感知框图、能源综合管理平台和系统技术组成原理图。

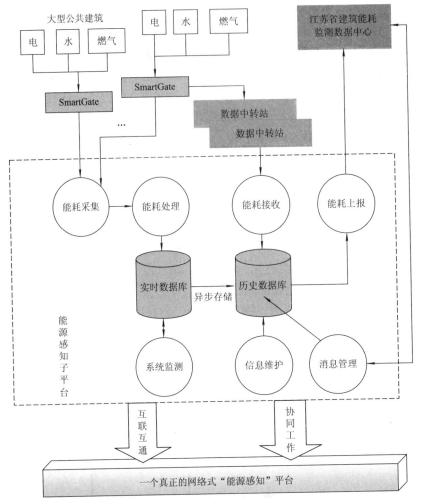

图 6-2　能源感知框图

图 6-3　能源综合管理平台

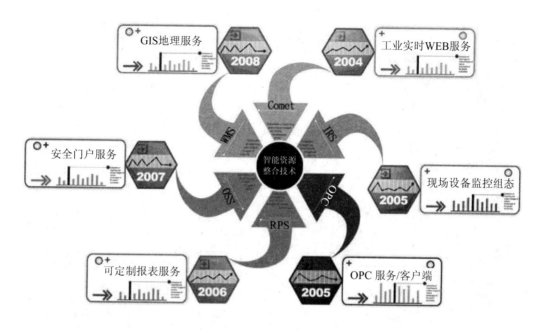

图 6-4　系统技术组成原理图

2. 管理模式与队伍建设

根据学科门类、各单位性质、事业发展状况、使用水电需求，科学合理定量，将水电消耗指标分配到各有关学院和部门，定额使用，超额自理。

对运行情况实时进行监控跟踪分析，统筹协调，兼顾利益，量化管理，促进节能减排长效管理机制的形成。

管理机构与队伍组织如图 6-5 所示。

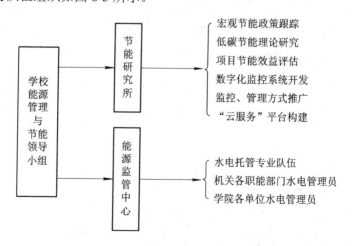

图 6-5　管理机构与队伍组织

3. 校园 3D 地理信息管理系统

校园 3D 地理信息系统如图 6-6 所示。

图 6-6　校园 3D 地理信息系统

4. 给水系统管网

给水系统管网如图 6-7 所示。

图 6-7　给水系统管网

江南大学从2005年起狠抓数字化节约型校园的建设。在制定总体规划后,实施年度计划,逐级落实节约降耗目标责任制;建立节能降耗指标体系、监管体系和考核体系;配备干部,强化责任,加大投入,政策导向,创新机制,更新观念,抓好教育,发动群众,发挥师生员工的主力军的作用和职能部门的主导作用。学校提出了做好节能降耗工作的总体思路,并配套科学体系与规章制度,以提高合理利用资源和工作效率。

6.3 感知能耗与监控

6.3.1 目标

为了落实学校提出的做好节能降耗工作的总体思路,学校相继修订出台了《江南大学水电管理办法》、《水电管理实施细则》、《水电使用协议》、《水电费收取办法》以及空调使用申请制度、大型室外设备申请制度、装修施工安全用电制度、商业用电申请和外单位用电用水申请等制度。把节能降耗置于制度管理之下。实行"水电承包,计量收费"、"谁使用谁付费,收支两条线"的管理机制。学校还建立了统一协调的管理机构,在后勤管理处增设了水电管理科,成立了江南大学水电管理与节能工作领导小组,成立了江南大学节能研究所。实行全面统筹,综合决策,组织实施,监督检查的职能,妥善处理体制、资源、环境、教学、科研方面用水用电的矛盾,把节能降耗建设数字化节约型校园作为共同的追求目标。

1.统筹兼顾,科学分配水电指标

在学校统一领导下,以各学院、各部门、全体师生为主体,上下同心协力,全面贯彻执行《教育部关于开展节能减排学校行动的通知》和无锡市《关于开展创建节约型机关活动的实施意见》,落实《江南大学水电管理办法》和管理机制。根据各单位的性质、事业发展情况,对不同用水用电类型、不同学科进行综合分析,按照统筹协调,兼顾利益,留有余地,挖掘潜力,科学合理定量,将水电消耗指标分配到各有关部门、学院,既强调共同承担责任,又承认差别合理性。既保证教学、科学、工作顺利进行,又对不合理的水电使用实行严格控制。现指标体系的运行情况表明,量化的管理方式进一步促进了节约水电长效管理机制的形成。

学校在后勤管理过程中,涉及到电能管理、供水管理、关键设备管理、房产管理、家具资产管理、校园物业管理等各方面的诸多内容,传统的管理方式是难以奏效的。

学校依托控制工程、物联网工程、电子信息工程、计算机工程、材料工程等学科,应用网络、通信、信息、控制、检测等前沿技术,自主创新、自主开发、自主设计了"数字后勤、资源整合"平台(FrontView)。为管理者提供了更好、更科学的决策支持,实现科学管理和高效管理。目前已建立了"一个窗口、一个平台、六大子系统"。

"一个平台"即"数字后勤、资源整合"平台(FrontView)。该系统结合企业门户信息系统、工业级实时数据监控系统、海量数据存储发布等各系统的诸多优点和特性,构建了基于3W概念体系的后勤综合信息服务与领导决策支持系统。整合后的资源平台,管理者可以突破时空约束,实现不同人、时、地的超越化管理;实现与管理者的多渠道信息交互；实现关键点的控制与决策支持，以达到资源的科学管理、科学利用；实现技术节能和管理节能。

2．突破难点，深化管理

学校的教室、走廊、学生公寓、浴室等公共部位是水电使用的重点，用量占到全校全年使用总量的 60%以上，同时也是节能降耗的难点。学校抓住重点，攻克难点，深化管理。

3．狠抓公共照明节能

根据水电使用的重点部位的情况，学校召集蠡湖校区建设指挥部、信控学院、有关专家和各相关部门召开了"蠡湖校区公共照明改造方案论证会"，提出解决方案。

在教学楼所有教室安装高灵敏度远红外 + 光敏的照明节电开关。做到"人来灯亮，人走灯灭"。仅此一项改造措施实施后，就使教学楼的电能消耗从原来的月均 73 000 度(千瓦小时)下降到改造后的 41 000 度，月均节电 30 000 多度。教学楼和学生公寓的走廊、地下室、车库、卫生间安装一般要求的远红外 + 光敏照明节电开关，大大减少了无人灯亮现象，照明节电效果显著。

江南大学学生宿舍原来安装的是接触式卡表，存在电卡、控电模块等预付费系统用电管理、卡管理、数据不透明等诸多问题。2009 年下半年对新建成的 53 组团(溪苑)学生宿舍以及南北区商业街安装了网络预付费电表。网络预付费系统创新地采用了基于校园网络的实时通信与数据采集技术，结合后台大型分布式数据库，通过内嵌江南大学节能研究所专有通信协议的智能预付费电表构成系统，实现了网络化实时操作，实时计量监控，即时售退电、即时通断电的控制效果；提前为学校回笼了资金，为学生宿舍用电、商铺经营用电等提供了完善的解决方案。具体的技术实现如 6.3.2 小节所述。

6.3.2 技术实现

图 6-8 是感知能耗的简单结构图。具体的技术实现列出如图 6-9～6-14 所示。

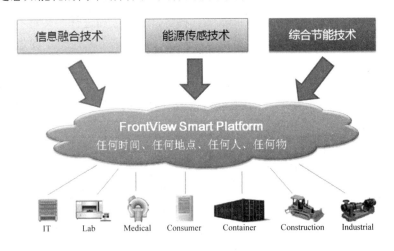

图 6-8　感知能耗结构图

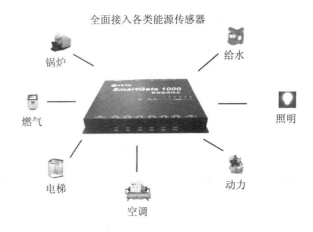

图 6-9　智能数据网关设备接入示意图

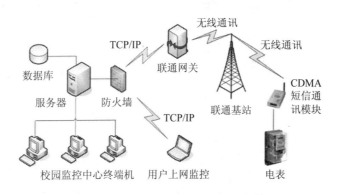

图 6-10　三级电能计量与远程抄表系统

图 6-11　校园电能计量管理系统

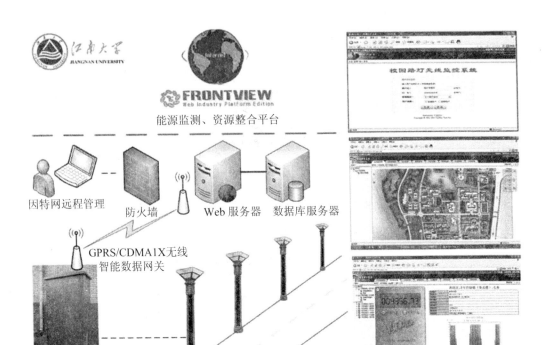

图 6-12　校园路灯智能管理系统

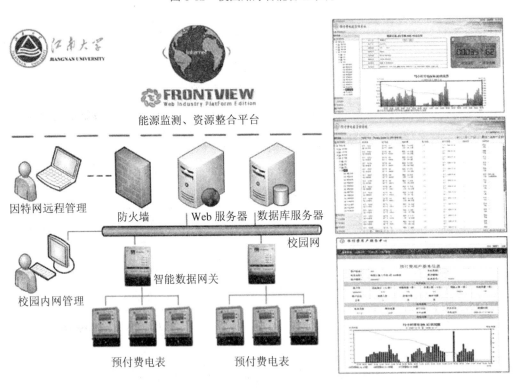

图 6-13　网络预付费电能管理系统

(a)　　　　　　　　　　　　　　　(b)

图 6-14　学生宿舍网络预付费电能管理系统实施

6.3.3　一卡通预付费自助售电

一卡通服务架构如图 6-15 所示。

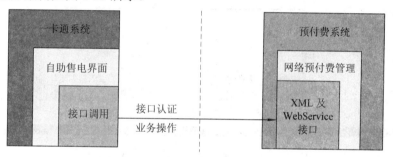

图 6-15　一卡通预付费自助售电架构

程序流程如图 6-16 所示。

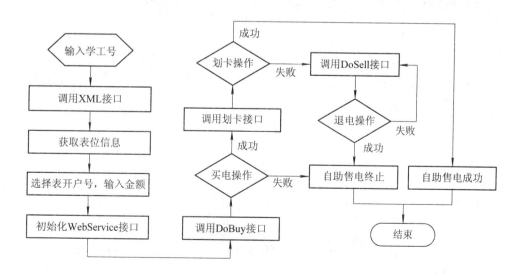

图 6-16　程序流程

6.3.4 实时运行状态

该系统的实时运行状态如图6-17~6-24所示。

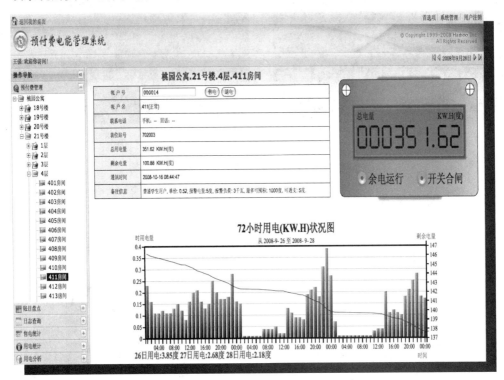

图6-17 学生桃园公寓用电状态(2008年9月)

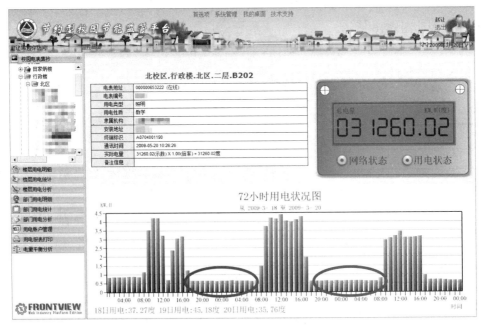

图6-18 分户计量监管到的待机功耗状态(2009年3月)

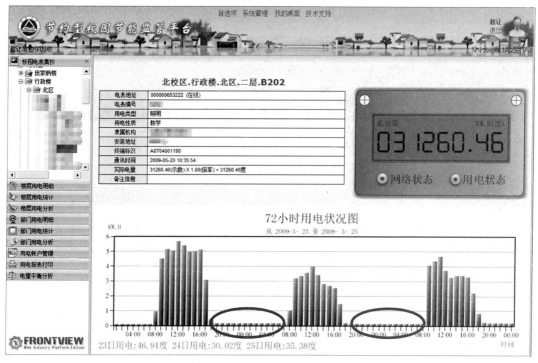

图 6-19　监管后消除了待机功耗的状态

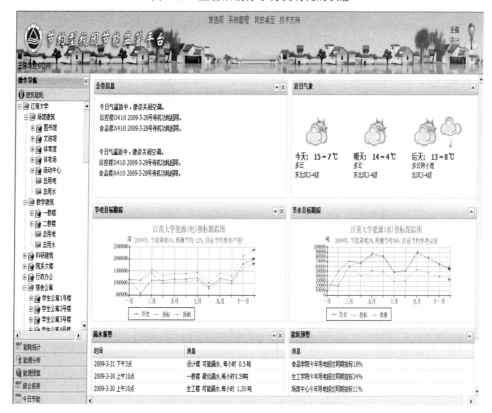

图 6-20　学校综合能耗分析走势图

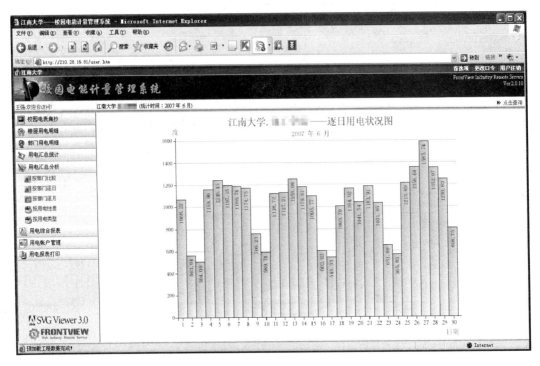

图 6-21　部门逐日用电柱状图(2007 年 6 月)

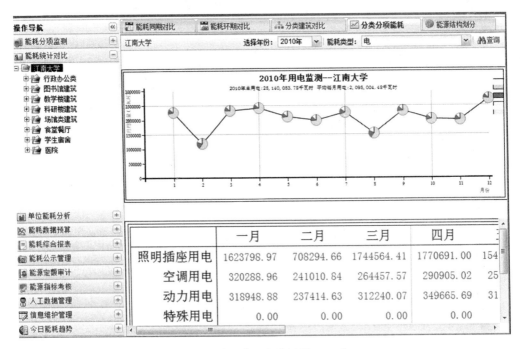

图 6-22　建筑物用电监测图(2010 年)

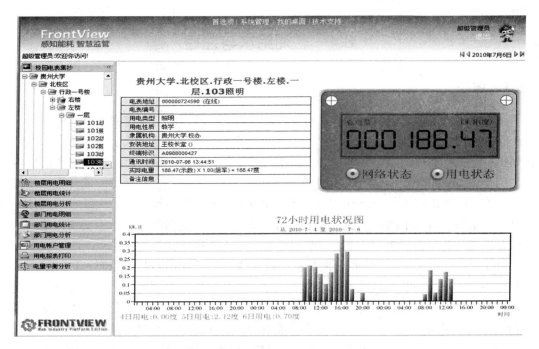

图 6-23　帮助贵州大学建设项目分户用电状态图(2010 年 7 月)

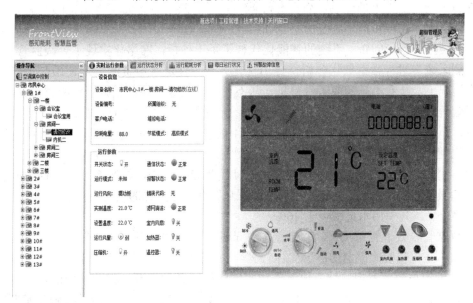

图 6-24　技术推广用于无锡市市民中心大金 VRV 分户计量监管(2010 年)

实践表明，2008 年与 2005 年相比，学校科研经费总量扩大了 3.2 倍，设备总额扩大了
1.5 倍，空调台数扩大了 4.5 倍，但校园水电年度总开支却节省了 230 万元，用电量仅为 2005
年的 75%。截至目前为止，已有三百多家兄弟高校、政府部门及企业单位前来考察学习。
有关节能系统在教育部组织的鉴定中得到专家很高的评价。研发成果已向多家单位转化服
务。江南大学实践数字化节约型校园建设的成果，已为社会提供了一种新的节能行动模式，
起到了一定的示范带动作用，并得到多家媒体的肯定。

6.4 感知给水与监控

6.4.1 理念

如前所述，在管理创新的指导思想下，做到理念先行，即学校建立"节约型校园目标责任制"，将节水、节电指标分解到二级单位，甚至学科组，级级担责，人人有责；将节能计划指标的执行情况纳入年终考核目标；实行"量化分解，定额使用，超额自负，奖罚分明"的管理机制，有效地化解了能耗增加的矛盾；科学制定各自然年度的能耗指标。学校并非以绝对的增减比例作为指标，而是认定全校能耗开支的数量必须大大低于学校各项事业发展的数量；将水电消耗指标分配到各有关学院部门，既强调共同承担责任，又承认差别的合理性，既保证教学、科研正常顺利进行，又严格防止浪费水资源。

机制保障，制度创新。学校全面贯彻《教育部关于开展节能减排学校行动的通知》，相继修订出台了一系列节能减排的管理办法，把节能降耗置于制度管理之下。实行"水电承包，计量收费"、"谁使用谁付费，收支两条线"的管理机制。在学校节能工作领导小组统一领导下，节能研究所、水电管理科进行宏观节能政策跟踪，数字化能源监管系统开发，能源监管系统应用推广和"云服务"平台构建。实行全面统筹，综合决策，组织实施和监督检查的职能，妥善处理体制、资源、环境、教学、科研各方面用水用电的矛盾。提高机制的保障能力，完善和推进制度的不断创新。

节能减排，监管创新。系统的智能化代替了手工抄报，网络化实现了分级监管。"给水管网监测系统"进行数据细化分析，提出优化方案，促进水电资源合理使用与最佳配置。在许多情况下，从看不见变成了看得见，从不可控制变成可控制。减少"跑冒滴漏"现象，提高了管理效益。各学院、各部门加强监管，措施得力，管理卓有成效。一些学院和部门出台办法，投入资金，建设本部门三级水电计量系统。强化了成本意识，大幅度地减少了设备待机能耗，非教学、非科研能耗。深化智慧监管，经过协商，妥善解决了重点学科科研用电、用水收费方式，制定外籍教师水电使用规定。青山湾校区经过反复商讨和管委会一年来的艰苦有效的工作，改造管网管线，强化智慧监管，2009 年水电费净支出比 2008 年减少了 23.5%，其中用水量减少了 46%。

智慧监管收效于智慧执行。基础是增强节约意识，关键是协商合作，完善工作系统建设。正如陈坚校长明确提出的："将江南大学建成特色鲜明的高水平大学过程中，学校必须树立成本意识与效率意识，精心地运作和管理学校的各种资源，把节约资源，控制和降低办学成本作为学校科学发展的重要抓手，贯穿学校各项工作始终。"智慧监管就是要宣传落实校领导一系列指示和要求，上下结合，使思想工作、技术手段、系统建设、多元工作、多方力量协调配合，使节水工作取得明显效果。

勇于追求，跨越发展。实现跨越发展是节约型校园建设的一条重要经验。遵循学校总体部署和要求，把握科学发展思路，全面协调可持续发展理念，奠定在发展中实现新跨越的基础。从而提高节约型校园的文化价值、理念价值、生态价值，产生更好的工作效率和经济效益。通过主动加压，转化压力，坚定信心，努力做到：在困难和成绩面前"不畏难"，"不松懈"，"不气馁"，"不停歇"。心中始终装着新目标，行动始终站在新起点上。

6.4.2 技术实现与运行

感知供水的实现和运行状态如图 6-25~6-32 所示。

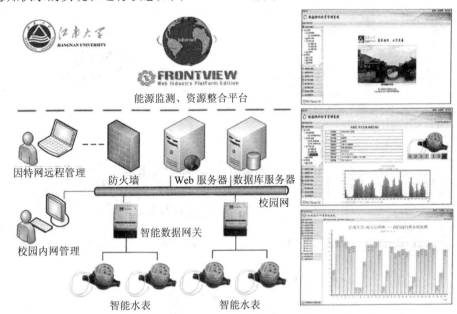

图 6-25 校园给水管网监测系统

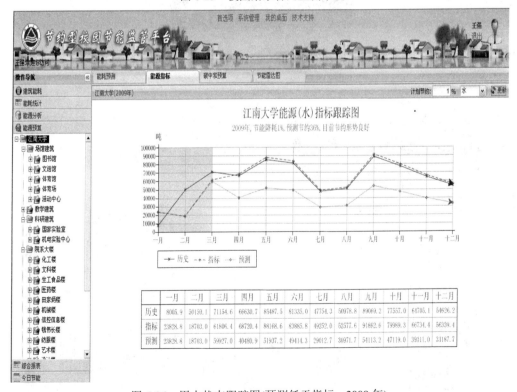

	一月	二月	三月	四月	五月	六月	七月	八月	九月	十月	十一月	十二月
历史	8005.9	50139.1	71154.6	66630.7	85487.5	81335.0	47754.3	50978.8	89069.2	77557.0	64705.1	54626.2
指标	23828.8	18703.0	61806.4	68720.4	88168.6	83885.8	49252.0	52577.6	91862.6	79989.3	66734.4	56339.4
预测	23828.8	18703.0	59927.0	40480.9	51937.2	49414.3	29012.7	30971.7	54113.2	47119.0	39311.0	33187.7

图 6-26 用水状态跟踪图(预测低于指标,2009 年)

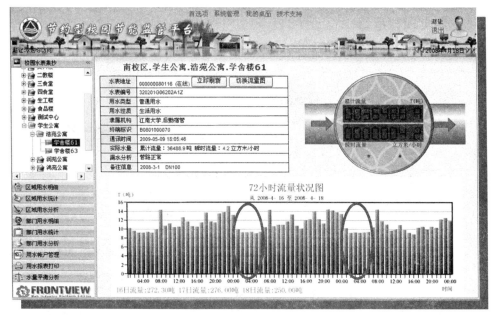

图 6-27　南区学生公寓用水状态出现问题

图 6-28　发现并排除漏水点

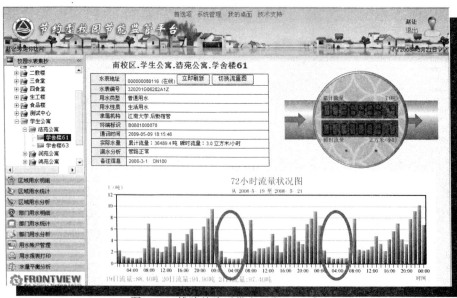

图 6-29　排除故障后供水正常(2008 年)

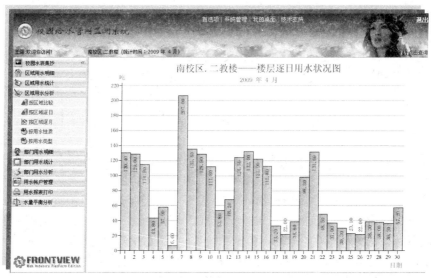

图 6-30　二教楼逐日用水状态图(2009 年 4 月)

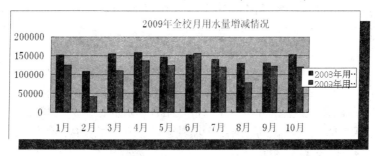

图 6-31　全校两年用水比较图

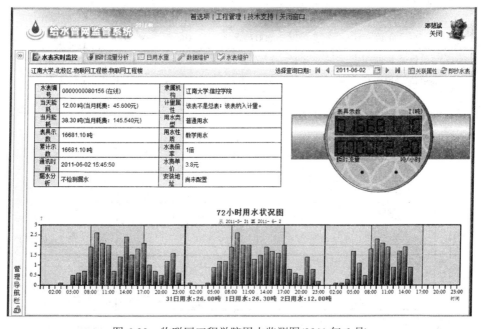

图 6-32　物联网工程学院用水监测图(2011 年 6 月)

通过学校上下矢志不移地团结奋斗，从而实现了四大跨越发展：从一般水电管理向能源监管跨越；从简单节约型校园向低碳绿色校园跨越；从模拟化监管模式向感知、智慧校园跨越；从节约校园向节能社会、低碳社会示范引领跨越。实现了智慧感知，让视觉更无限，让管理更精细，让校园更绿色。

6.5 效 果

实践证明，江南大学的节能减排系统的投入使用，使水电运行和资产的管理开始逐步由传统经验型向科学技术型转变，使节能减排发挥了巨大的作用。同时将影响学校碳排放最大的几项因素，如电力消耗、水电资源消耗等情况集中到全实时化的监测管理平台上来，进行综合分析与管理，从而为学校的"减碳排放"和"低碳发展"提供了技术基础和平台支持。通过"电能计量管理系统"、"给水管网监测系统"，可以使各级管理人员无论何时何地都可以对学校各部门的用电用水情况进行监控与管理。2009 年，通过"给水管网监测系统"的实时监测发现并准确报告了累计 8 个地下管网漏失点，使之在短期内迅速修复。根据该系统提供的数据，2010 年学校又对学生公寓桃园和李园进行了雨水回用系统的建设，月节水 9000 t 以上。

创新是建设数字化节约型校园的不竭动力，是校园的生命力所在。创新作为一种能力、责任、境界始终贯穿于校园建设的全过程。其工作运行、发展始终以创新为主要推动力。

勇于实践，就是有利于学校发展，有利于师生利益的事就要大胆实践，不怕挫折，敢于担责。凝心聚力，发挥团队合作精神和集体智慧。坚定服务宗旨，依靠各学院、各部门更多的帮助支持和资源支撑，上下结合，专家与群众结合，巩固已有成果和发展新成果结合。学校的"数字化能源监管系统的研制与应用"项目建设已通过了教育部组织的科技成果鉴定。

表 6.1、图 6-33、图 6-34 给出了江南大学在节能减排、智慧监管方面取得的部分成果，即综合效益分析。

表 6.1 2007～2010 年能耗指标环比增长一览表

年度	2007	2008	2009	2010
单位建筑面积电耗	−12.73%	0.35%	0.04%	0.92%
单位建筑面积水耗	−32.23%	−19.63%	−16.91%	1.03%
生均电耗	−2.62%	−8.11%	−9.93%	−3.05%
生均水耗	−26.44%	−25.13%	−27.74%	−3.23%

能源利用效率——江南大学各项指标环比增长一览表

年 度	2007	2008	2009	2010
学生人数	7.69%	3.57%	10.34%	0.00%
科研总量	35.58%	34.75%	10.53%	31.43%
设备总量	8.12%	17.12%	7.69%	23.81%
空调数量	31.25%	30.67%	16.62%	29.06%
建筑面积	21.43%	11.76%	7.37%	0.00%
水电费净支出	−3.48%	4.69%	2.07%	1.01%

指标	碳中和预算	节能雷达图

图 6-33 节约型校园建设考核评价结果

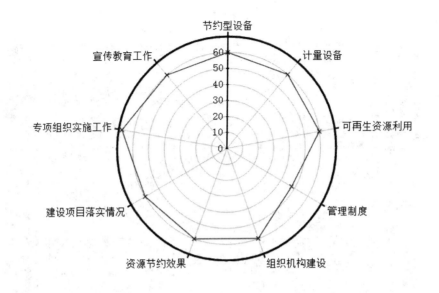

图 6-34　节能雷达图(效果在要求之内)

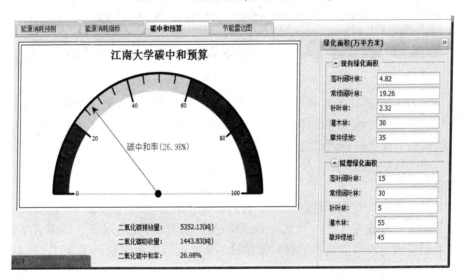

图 6-35　碳中和测算图

　　综合能源监控平台即总体框图如图 6-36 所示。机关、学校、企业、医院等单位均可参考应用。

　　数字化节约型校园建设的初步成果，为江南大学与全国高校同行的交流搭建了平台。近三年来相继有 300 余所高校和单位来访交流。技术推广应用于 40 多所高校和机关。2011年学校将建立节能主题网站，以通过网络向全国同行展示建设节约型校园的成果。学校有幸参加了 2010'中国科协年会低碳学组论坛、2009'日中低碳城市论坛、2010'国际低碳城市论坛等国内国际高端交流。2011 年 1 月在江南大学成功举办了住房和城乡建设部、教育部 "高等院校节约型校园建筑节能监管平台示范建设"工作座谈会，成果获得与会代表的广泛好评。学校还先后被选为全国高校节能联盟副理事长单位及江苏高校能源专业委员会主任单位。

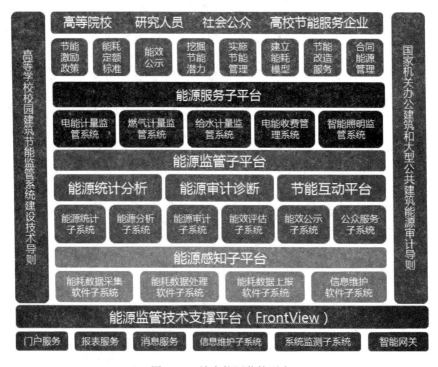

图 6-36 综合能源监控平台

2008 年，学校荣获江苏省节水型高校和江苏省节水型单位称号。学校代表无锡市通过了国家级节水型城市样板点考核评估。2009 年，学校先后被评为"江苏省建筑节能先进单位"、"全国高校节能工作先进单位"。2010 年学校还获得无锡市"公共机构节能先进单位"的荣誉称号和"后勤协作先进单位"。2010 年学校还获得无锡市"公共机构节能先进单位"的荣誉称号。

学校对数字化节约型校园能源监管平台的建设已取得阶段性成果。目前完成了教育部的科技成果鉴定，鉴定专家组一致认为该成果已经达到国际先进水平。江南大学作为"高等院校节约型校园建筑节能监管平台示范建设"首批示范试点高校，于 2011 年 1 月 11 日圆满通过了住房和城乡建设部建筑节能与科技司会同教育部发展规划司组织的专家验收，获得了专家组的高度评价。

思考题与习题

(1) 如何利用物联网技术实现对林业的监控？

(2) 如何利用物联网技术对制药生产线实施监控？

(3) 如何利用物联网技术实施电力系统的智能监控？

第7章 电能计量管理系统

本章描述的是江南大学校园电能计量管理系统。其主要内容为电能计量管理的流程和基本概念、校园电能计量管理系统配置及水电预付费管理系统。

7.1 概　述

校园电能计量管理系统的数据传输基于 TCP/IP 网络，整个系统以监控平台为中心，包括数据存储平台、智能数据网关、电表等。

图 7-1 所示为一个简化的校园电能计量管理系统的组成结构。

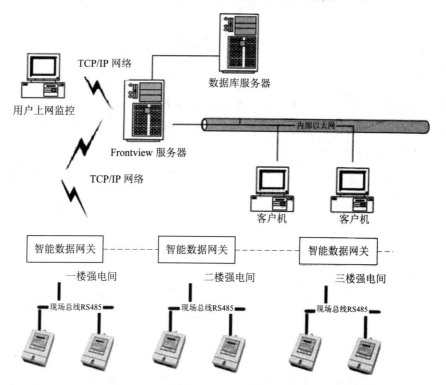

图 7-1　校园电能计量管理系统的组成

该平台实现了电表数据的采集、丰富多样的数据发布形式和数据存储策略。在数据采集过程中，平台使用被动自报方式，侦听智能数据网关上报的电表实时数据或历史数据。平台与智能数据网关间的通信基于 TCP/IP 网络，可以集成多种实现形式，如无线的 GPRS、CDMA，有线的以太网等，方便用户就地取材，选择最适宜的通信形式。

7.2 登 录 系 统

配置校园电能计量管理系统，需要以管理员账号登录平台。每个管理员用户都配备一个安全用户电子钥匙(形状如 U 盘)。

登录平台时，先将安全用户电子钥匙插入 USB 接口，再打开 IE 浏览器，输入用户平台的 IP 地址或域名，回车确认输入完毕，过一会后(根据用户的网络环境，等待时间长短会不同)，用户的 IE 浏览器中将会出现平台登录界面，如图 7-2 所示。

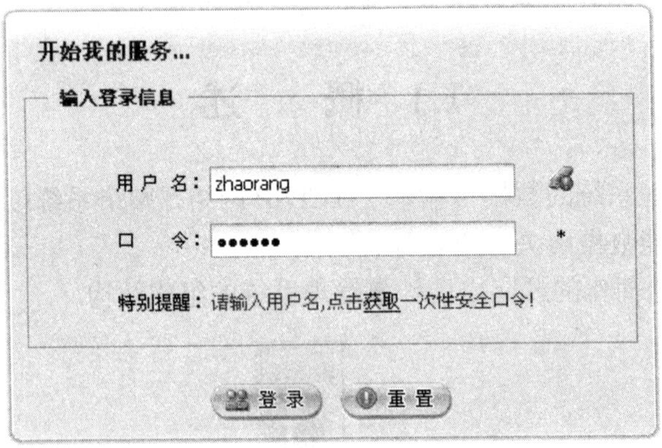

图 7-2 平台登录界面

如果一切正常，用户名将从电子钥匙(USB KEY)中读出，并自动填充至用户名栏目中。此时需要在口令输入框中输入用户的口令，再单击下方的"登录"按钮，即可登录系统，进入服务平台的门户首页，如图 7-3 所示。

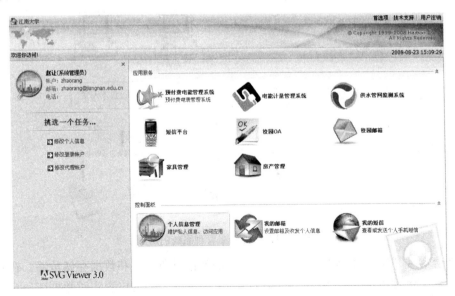

图 7-3 门户首页

点击"电能计量管理系统"图标,进入系统,IE 浏览器将显示系统首选项界面。要进入校园电能计量管理系统配置界面,可单击系统首选项页面右上角的"系统管理"链接,即可进入校园电能计量管理系统配置界面,如图 7-4 和图 7-5 所示。

图 7-4   "系统管理"按钮

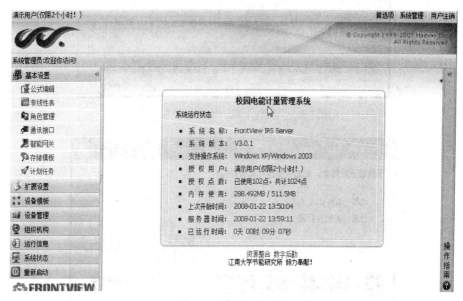

图 7-5   系统配置界面

注意:如果用户名没有自动被填充在用户名输入框中,请按以下步骤操作:

(1) 确认安全用户电子钥匙是否已正确插入到 USB 接口中,正确插入到 USB 接口后,安全用户电子钥匙上的指示灯会发亮。

(2) 若安全用户电子钥匙正确安置后,仍未自动填充用户名,请确认是否已正确安装了安全用户电子钥匙驱动程序。要安装安全用户电子钥匙驱动程序,请单击平台登录界面中管理插件的"下载"链接。如图 7-6 所示。

图 7-6   输入登录信息

(3) 在弹出的"文件下载－安全警告"窗口中单击"运行"按钮。在随后弹出的"Internet Explorer－安全警告"窗口中再次单击"运行"按钮。如图7-7、图7-8所示。

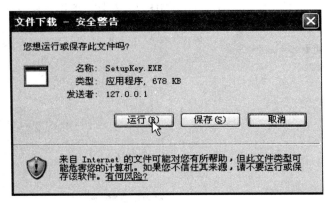

图 7-7　"文件下载—安全警告"窗口

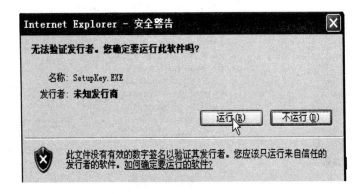

图 7-8　"Internet Explorer —安全警告"窗口

(4) 运行后将出现"安全管理插件"安装界面，根据向导单击"下一步"按钮，最后单击"完成"按钮，安全用户电子钥匙驱动程序即可安装完成。如图7-9～图7-11所示。

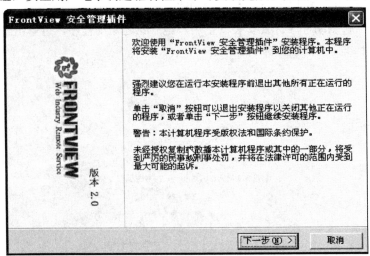

图 7-9　"FrontView 安全管理插件"窗口

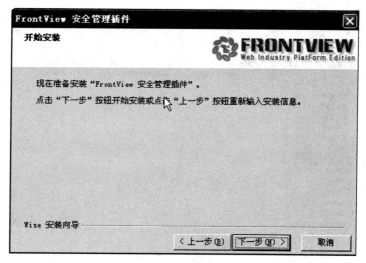

图 7-10 "开始安装"界面

图 7-11 完成安装

安装安全用户电子钥匙驱动程序后,用户名将自动被填充在用户名输入框中。

在下面的配置过程中,假设用户已成功地以管理员身份登录到系统,并且已进入到校园电能计量管理系统的系统管理界面。

7.3 通讯配置

平台与智能数据网关之间的通讯可以有无线和有线等多种方式,以满足用户不同的通讯需求。

配置平台与智能数据网关之间的通讯方式,请单击"基本设置"中的"通讯接口"链接。此时界面右侧显示还没有通讯接口列表。如图 7-12 所示。

点击界面右上角的"添加"链接来添加一个通讯接口,在随后弹出的"通讯接口编辑"窗口中,填写相应的接口参数,如图 7-13 所示。

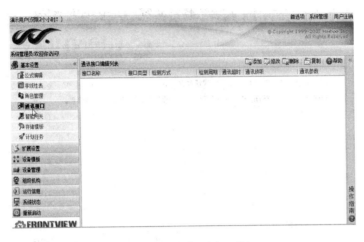

图 7-12 "基本配置"列表

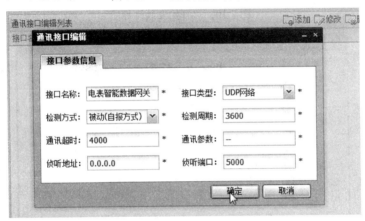

图 7-13 "通讯接口编辑"窗口

(1) 接口名称：将接口名称命为"电表智能数据网关"，当然也可命名为其它的名称。

(2) 接口类型：接口类型以下接框的形式提供选择，可供选择项有"UDP 网络"、"TCP 网络"、"本地串口"等，这里选择"UDP 网络"。

(3) 检测方式：检测方式以下接框的形式提供选择，可供选择项有"主动(招测方式)"和"被动(自报方式)"。这里的"主动"和"被动"是以平台为行为主体的，由于校园电能计量管理系统中，平台被动收到电表智能数据网关上报的电表数据，所以在检测方式项选择"被动(自报方式)"。

(4) 检测周期：检测周期在主动(招测方式)下指平台主动向智能终端招测的周期，在被动(自报方式)下指智能终端上报数据的周期，以秒为单位。在校园电能计量管理系统中指电表智能数据网关上报电表数据的周期。填入 3600，即表示检测周期(上报周期)是 1 小时。检测周期可以相应地缩短或延长，以适应用户不同的集抄需求。

注意：在调试阶段，可将通讯超时值设置小一点，如 120。

(5) 通讯超时：通讯超时指平台确认智能数据网关已掉线的最短时间，以秒为单位。可以填入 4000。

注意：在调试阶段，可将通讯超时值设置小一点，如 60。

(6) 通讯参数：平台与智能数据网关之间的通讯中无通讯参数。这里填入"——"即可。

(7) 侦听地址：侦听地址指与智能数据网关通讯的平台服务器的 IP 地址。如果侦听服务器就是校园电能计量管理系统所在的平台服务器，则可以简单地将侦听地址设为"0.0.0.0"。

(8) 侦听端口：侦听端口指侦听服务器上与智能数据网关通讯的端口号。这里填入 5000 表示侦听服务器使用 5000 端口与智能数据网关通讯。

注意：① 不要使用 1024 以下的端口号；② 确保该端口号未被使用。

填写完毕后，单击"确定"按钮，完成添加通讯接口操作。如图 7-14 所示，已添加了一个通讯接口。添加通讯接口后，用户可以在接口列表中选中一个接口，再点击"修改"链接来修改已存在的通讯接口参数。用户也可以在接口列表中选中一个接口，再点击"删除"链接来删除已存在的通讯接口。

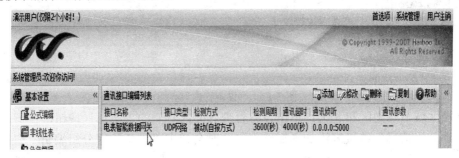

图 7-14 "演示用户"窗口

7.4 电表安装地和隶属机构

我们需要知道每个电表的具体安装地及电表隶属于哪个机构(即承担该电表所计用电费用的机构)。为此需将电表贯穿于两条主线中，才能表达电表位置的完整信息。一条是电表的物理安装地址层次主线，另一条是电表的隶属机构层次主线。

在下面的叙述中，虚构了一个大学的建筑和机构分布场景。这个大学校园分为南区和北区，其中南区有两幢建筑物：行政楼和教学楼。行政楼中又分为 A 区和 B 区，A 区又分为三层，层次结构如图 7-15 所示。

组织机构的层次结构比较简单。假设行政楼 A 区第一层为后勤处，第二层为学生处，第三层为财务处。而这些机构又都为行政部门，所以又增加一个上层结点——行政部门以对应行政楼。这样整个组织机构层次结构可表示如图 7-16 所示。

图 7-15 某大学的建筑和机构的层次结构　　　图 7-16 组织机构层次结构

通过两条线索的关联，我们已经能够清楚地表述电表的安装地址和其隶属机构之间的联系。比如安装在南区行政楼 A 区第三层的电表是由财务处负担的。

我们还未讨论电表智能数据网关与电表的具体安装办法。在典型的安装中，每个楼层安装一个电表智能数据网关，该楼层的每个房间或两个房间安装一个电表。楼层内的所有电表都由一个电表智能数据网关负责集抄。这种安装办法能大大缩减用户的安装成本。

下面按步骤建立电表安装地址层次结构。

进入设备管理界面：点击左侧的"设备管理"链接，进入设备管理界面，如图 7-17 所示。

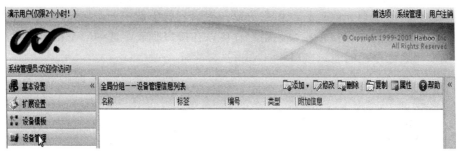

图 7-17　"设备管理"界面

添加区域节点南区和北区：单击设备管理界面内右侧的"添加"按钮，在下拉项中选择"添加分组信息"链接来添加区域结点。此时会弹出"设备管理分组编辑"窗口，如图 7-18 所示。

(a)

(b)

图 7-18　"设备管理分组编辑"窗口

在窗口中填入相应的分组结点信息，注意：带'*'号的项为必填项。

(1) 分组名称：指区域结点的名称，如"南区"、"行政楼"等。这里填入"南区"。

(2) 分组标签：指该分组在 OPC 树中的标识。一般取为分组名称的拼音或英文语义单词，这里取为"south"。

注意：分组标签不能为中文，其有效标识包括英文的 26 个字母、0～9 的 10 个数字、横线、下横线及它们的任意组合。

(3) 分组编号：一般取为分组标签值，这里取为"south"。

注意：确保分组编号不冲突。

(4) 组织：一般取为分组标签值，这里取为"south"。

注意：确保组织值不冲突。

(5) 可选项：单位、电话、国别、省份、地址、备注信息等都为可选项，可不填。

(6) 单击"确定"按钮，结束添加分组信息操作。

(7) 按以上(1)～(6)相同的步骤添加另一个区域结点"北区"。

如图 7-19 所示，我们已添加了两个区域结点。添加区域结点后，用户可以在下级分组列表中选中一个区域结点，再点击"修改"链接来修改已存在的区域结点参数。用户也可以在下级分组列表中选中一个区域结点，再点击"删除"链接来删除已存在的区域结点。

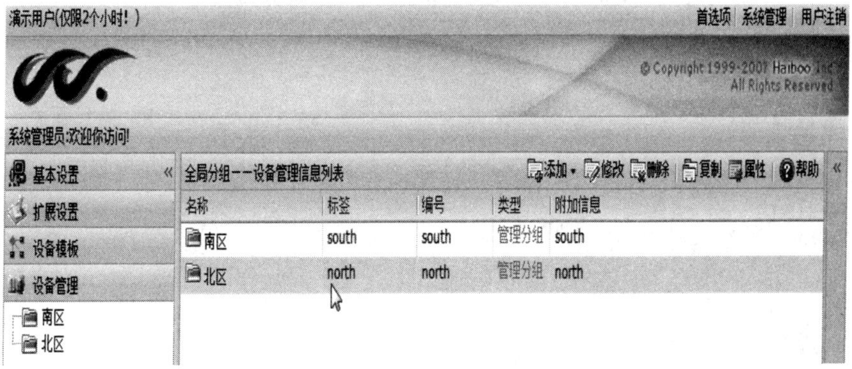

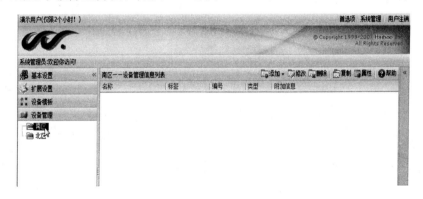

图 7-19 "全局分组"窗口

在南区结点下添加区域结点行政楼和教学楼：点击左侧"设备管理"链接下的"南区"结点，进入南区下级分组界面，如图 7-20 所示。

图 7-20 南区下级分组界面

以和添加区域结点"南区"、"北区"同样的方式添加结点"行政楼"、"教学楼"，如图 7-21 所示。

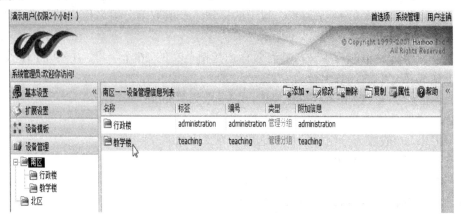

图 7-21 "南区"界面

同样，在行政楼结点下添加区域结点 A 区和 B 区。并在 A 区下添加区域结点第一层、第二层和第三层，如图 7-22、7-23 所示。

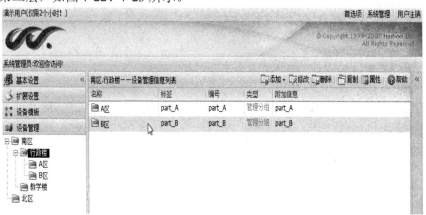

图 7-22 "行政楼"界面

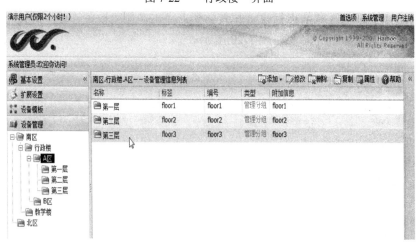

图 7-23 "A 区"界面

已经建立了电表安装地层次结构，接下来建立组织机构层次结构。

进入组织机构界面：点击左侧的"组织机构"链接，进入组织机构界面，如图 7-24 所示。

图 7-24　"组织机构"界面

添加组织机构结点行政部门：单击组织机构界面内"全局机构——下级组织机构列表"栏中的"添加"链接来添加组织机构结点。此时会弹出"组织机构编辑"窗口，如图 7-25 所示。

图 7-25　"组织机构编辑"界面

在窗口中填入相应的分组结点信息，注意：带'*'号的项为必填项。

(1) 机构名称：指组织机构结点的名称，如"行政部门"、"后勤处"等。这里填入"行政部门"。

(2) 机构代码：一般取为机构名称的拼音或英文语义单词，这里取为"org_admin"。

注意：机构代码不能为中文，其有效标识包括英文的 26 个字母、0～9 的 10 个数字、下横线及它们的组合，并且标识的首字母不能为数字。

(3) 可选项：负责人、电子邮箱、联系电话、地址、备注信息等项都为可选项，可不填。

(4) 单击"确定"按钮，结束添加组织机构信息操作。

如图 7-26 所示，已添加了一个机构结点。添加机构结点后，可以在下级组织机构列表中选中一个机构结点，再点击"修改"链接来修改已存在的机构结点参数。也可以在下级组织机构列表中选中一个机构结点，再点击"删除"链接来删除已存在的机构结点，如图7-26 所示。

图 7-26　添加机构结点

在行政部门结点下添加组织机构结点后勤处、学生处、财务处：点击"组织机构"链接下的"行政部门"结点，进入行政部门下级分组界面，如图 7-27 所示。

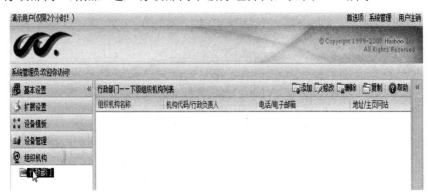

图 7-27　行政部门下级分组界面

以和添加组织机构结点"行政部门"同样的方式添加结点"后勤处"、"学生处"和"财务处"。添加后如图 7-28 所示。

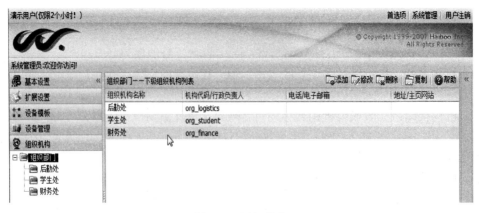

图 7-28　添加结点

7.5　智能网关配置

智能网关即为电表智能数据网关，是采集电表数据并能与平台交换数据的智能设备。接着前面描述的场景，假设在行政楼 A 区的第一层、第二层和第三层分别安装了一个电表智能数据网关。下面来配置这些设备。

按步骤建立电表安装地址层次结构。

(1) 进入智能网关设置界面：点击左侧的"智能网关"链接，进入智能网关设置界面，如图 7-29 所示。

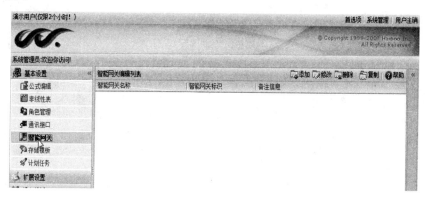

图 7-29　智能网关设置界面

(2) 添加智能网关：单击智能网关设置界面内"智能网关编辑列表"栏中的"添加"链接来添加智能网关。此时会弹出"智能网关编辑"窗口，如图 7-30 所示。

图 7-30　"智能网关编辑"窗口

在窗口中填入相应的智能终端信息，注意：带'*'号的项为必填项。

① 网关名称：宜以该智能终端安装的详细地址命名。这里填入"行政楼 A 区一层"。

② 网关标识：是智能网关的唯一标识号，便于在与平台通讯时唯一地标识自己。每个智能网关上都贴有标识号。

注意：确保通讯标识不冲突。

③ 备注信息：可选项，可不填。

④ 单击"确定"按钮，结束添加智能网关操作。

按以上①～④相同的步骤添加智能网关"行政楼A区二层"和"行政楼A区三层"。

如图 7-31 所示，我们已添加了三个智能网关。添加智能网关后，可以在智能网关编辑列表中选中一个智能网关，再点击"修改"链接来修改已存在的智能网关参数。也可以在智能网关列表中选中一个智能网关，再点击"删除"链接来删除已存在的智能网关。

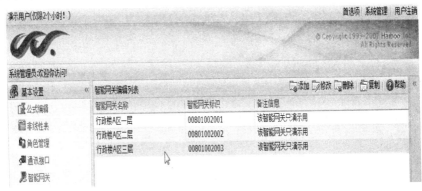

图 7-31　添加智能网关

7.6　电表采集参数配置

电表一般分为单费率电表和多费率电表。单费率电表只对平电量进行计量，而多费率电表对总电量、峰电量、平电量、谷电量分别进行计量。因此，我们需要针对不同类型的电表配置不同的采集参数。一般地，单费率电表只采集平电量，而多费率电表需采集三个变量，即峰电量、平电量和谷电量。下面我们分别配置两个电表参数模板，依次对应单费率电表和多费率电表，以实现复用效果。

配置单费率电表参数模板步骤如下：

(1) 进入设备模板界面：点击左侧的"设备模板"链接，进入设备模板界面，如图 7-32 所示。

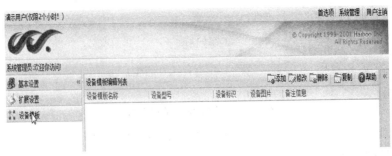

图 7-32　设置模板界面

(2) 添加单费率电表参数模板：单击设备模板界面内"设备模板编辑列表"栏中的"添加"链接来添加设备模板。此时会弹出"设备模板添加编辑"窗口，如图 7-33 所示。

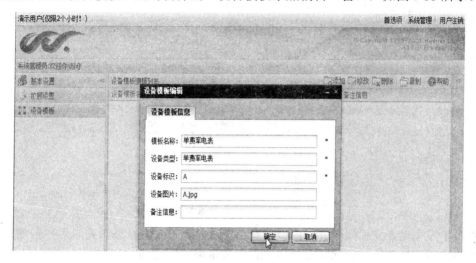

图 7-33　"设备模板添加编辑"窗口

在窗口中填入相应的设备模板信息，注意：带 '*' 号的项为必填项。

① 模板名称：宜取有意义的名称。这里填入"单费率电表"。

② 设备类型：单费率电表该值必须为"单费率电表"，多费率电表该值可为"多费率电表"。

③ 设备标识：标识电表的类型，系统使用该标识来识别用户设备的类型。单相电表的设备标识为"A"，三相电表的设备标识为"B"。

注意：设备标识设置不正确，系统将不能识别电表。

④ 设备图片：指表示该设备的图片文件的文件名。未用，可不填。

⑤ 备注信息：可选项，可不填。

⑥ 单击"确定"按钮，结束添加设备模板操作。

如图 7-34 所示，已添加了一个单费率电表参数模板。添加设备模板后，用户可以在设备模板列表中选中一个设备模板，再点击"修改"链接来修改已存在的设备模板参数。也可以在设备模板列表中选中一个设备模板，再点击"删除"链接来删除已存在的设备模板。

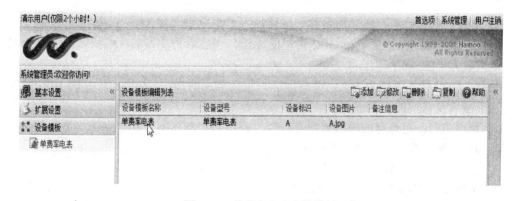

图 7-34　单费率电表参数模板

配置单费率电表的采集变量"平电量"：添加单费率电表模板后，在左侧"设备模板"链接下会新增"单费率电表"链接。单击该"单费率电表"链接，进入单费率电表变量配置界面，如图7-35所示。

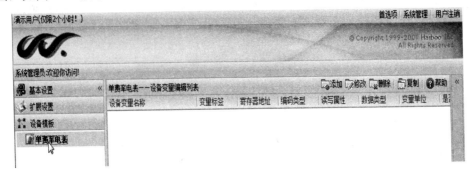

图7-35　单费率电表变量配置界面

点击单费率电表变量配置界面内"单费率电表——设备变量编辑列表"栏中的"添加"链接来添加需集抄的变量。此时会弹出"设备变量编辑"窗口。

在窗口中的"变量基本信息"页中，填入相应的采集变量信息，注意：带'*'号的项为必填项。如图7-36所示。

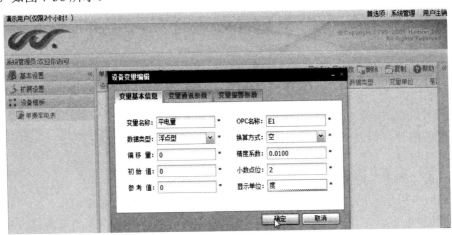

图7-36　"变量基本信息"页

① 变量名称：宜取有意义的名称。这里填入"平电量"。

② OPC名称：指该变量在OPC树中的标识。一般取为变量名称的拼音或英文语义单词，这里取为"E1"。

注意：OPC标签不能为中文，其有效标识包括英文的26个字母、0～9的10个数字、横线、下横线及它们的任意组合。

③ 数据类型：可选择的项有"浮点型"、"整型"、"布尔型"和"字符串型"等。由于平电量为浮点数，我们选择"浮点型"。

④ 换算方式：无换算方式，选择"空"。

⑤ 偏移量：无偏移量，填入"0"值。

⑥ 精度系数：平电量数值精确到小数点后两位，这里填入值"0.01"。

⑦ 初始值：为"0"。

⑧ 小数点位：平电量数值精确到小数点后两位。这里填入值"2"。

⑨ 参考值：为"0"。

⑩ 显示单位：电量以度为单位。这里填入值"度"。

在窗口中的"变量通讯参数"页中，填入相应的采集变量信息，注意：带'*'号的项为必填项。如图7-37所示。

图7-37 "变量通讯参数"页

⑪ 设备变量：平电量不是内存虚拟变量。它对应于电表存储单元地址 H0000 处的数值，是电表中实际寄存器变量，数值以 BCD 格式编码，只读。因此，我们选中"设备变量项"，在其右侧的地址填入框中填入"H0000"，即平电量的寄存器地址。在代表变量数据类型的下拉选择框中选择 LONGBCD 类型，

注意：不要选择 BCD 类型，否则可能会出现数据溢出错误。在代表变量操作权限的下拉选择框中选择"只读"权限。

在窗口中的"变量报警参数"页中，填入相应的采集变量信息，注意：带'*'号的项为必填项。如图7-38所示。

图7-38 "变量报警参数"页

⑫ 未使用，都不选中或留空。

⑬ 单击"确定"按钮结束添加设备变量操作。

如图 7-39 所示，我们已为单费率电表参数模板添加了采集变量"平电量"。添加采集变量后，您可以在设备变量列表中选中一个采集变量，再点击"修改"链接来修改已存在的采集变量。也可以在设备变量列表中选中一个采集变量，再点击"删除"链接来删除已存在的采集变量。单费率电表只有一个采集变量"平电量"，我们只需配置一个采集变量即可。

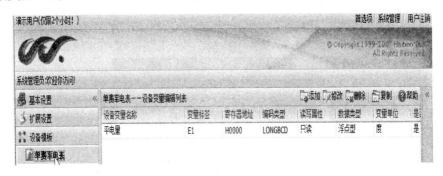

图 7-39 添加采集变量"平电量"

下面配置多费率电表参数模板，步骤如下：

(1) 进入设备模板界面：点击左侧的"设备模板"链接，进入设备模板界面，如图 7-40 所示。

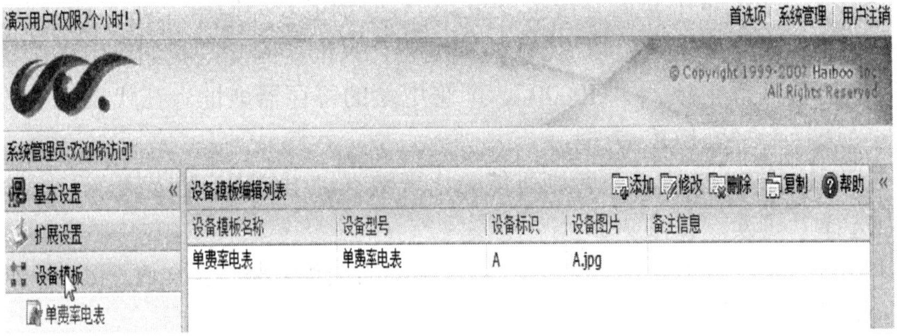

图 7-40 点击"设备模板"链接

(2) 添加多费率电表参数模板：单击设备模板界面内"设备模板列表"栏中的"添加"链接来添加设备模板。此时会弹出"添加设备模板"窗口，如图 7-41 所示。

在窗口中填入相应的设备模板信息，注意：带 '*' 号的项为必填项。

① 模板名称：宜取有意义的名称。这里填入"多费率电表"。

② 设备类型：可取为与模板名称相同值。

③ 设备标识：标识电表的类型，系统使用该标识来识别用户设备的类型。单相电表的设备标识为"A"，三相电表的设备标识为"B"。

注意：设备标识设置不正确，系统将不能识别电表。

④ 设备图片：指表示该设备的图片文件的文件名，如"multi.jpg"。

⑤ 备注信息：可选项，可不填。

⑥ 单击"确定"按钮，结束添加设备模板操作。

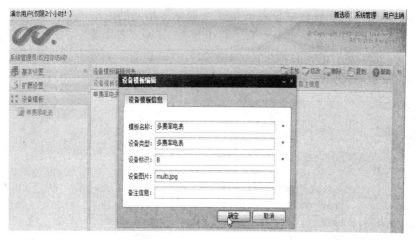

图 7-41 "添加设备模板"窗口

如图 7-42 所示，我们已添加了一个多费率电表参数模板。添加设备模板后，可以在设备模板列表中选中一个设备模板，再点击"修改"链接来修改已存在的设备模板参数。也可以在设备模板列表中选中一个设备模板，再点击"删除"链接来删除已存在的设备模板。

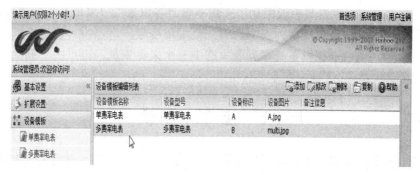

图 7-42 多费率电表参数模板

(3) 配置多费率电表的采集变量"谷电量"：多费率电表有三个采集变量，分别为"谷电量"、"平电量"和"峰电量"。下面先配置"谷电量"采集变量。添加多费率电表模板后，在左侧"设备模板"链接下会新增"多费率电表"链接。单击该"多费率电表"链接，进入多费率电表变量配置界面，如图 7-43 所示。

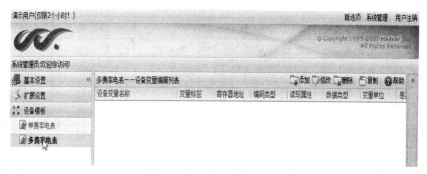

图 7-43 多费率电表变量配置界面

以和添加单费率电表模板中设备变量"平电量"相同的方法，为多费率电表模板添加三个设备变量"谷电量"，"平电量"和"峰电量"。其中"谷电量"的设备变量的寄存地址为"H0000"，"平电量"的寄存地址为"H0002"，"峰电量"的寄存地址为"H0004"。

添加设备变量后，如图7-44所示。

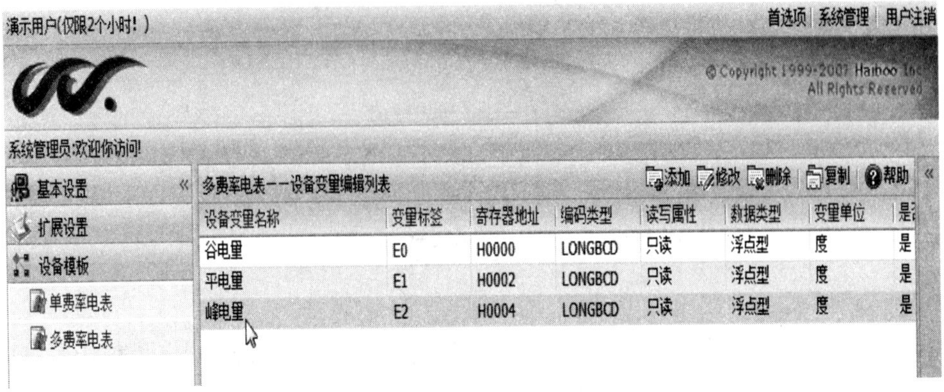

图 7-44　添加三个设备变量

我们已为多费率电表参数模板添加了采集变量"谷电量"、"平电量"和"峰电量"。添加采集变量后，可以在设备变量列表中选中一个采集变量，再点击"修改"链接来修改已存在的采集变量。也可以在设备变量列表中选中一个采集变量，再点击"删除"链接来删除已存在的采集变量。

7.7　挂 载 电 表

接着"电表安装地和隶属机构"的例子，给行政楼 A 区一层～三层配置电表，以说明如何在系统中挂载电表。

电表的挂载办法如表 7.1 所示。

表 7.1　电表的挂载办法

电表标识	费率	计量区域	隶属机构	备注信息
050201	单费率	行政楼 A 区一层 101 室	后勤处	左侧配电柜
050202	单费率	行政楼 A 区一层 103、105 室	后勤处	左侧配电柜
050203	单费率	行政楼 A 区一层 108 室	后勤处	右侧配电柜
050211	单费率	行政楼 A 区二层 201、203 室	学生处	左侧配电柜
050212	单费率	行政楼 A 区二层 202 室	学生处	右侧配电柜
050213	单费率	行政楼 A 区二层 204 室	学生处	右侧配电柜
050221	单费率	行政楼 A 区三层 301 室	财务处	左侧配电柜
050222	单费率	行政楼 A 区三层 302 室	账务处	右侧配电柜
050223	单费率	行政楼 A 区三层 303 室	账务处	左侧配电柜

下面按步骤挂载电表：

(1) 进入设备管理界面：点击左侧的"设备管理"链接，进入设备管理界面，如图7-45所示。

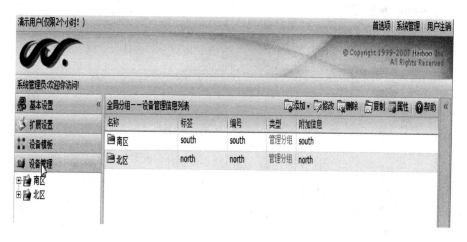

图7-45　设备管理界面

从图7-45中可以看到左侧"设备管理"链接下有两个结点"南区"和"北区"，这些是我们在"电表安装地和隶属机构"中配置的区域结点。

(2) 展开"南区"结点至"第一层"结点：点击左侧"设备管理"链接下"南区"结点左侧的"＋"号，展开"南区"结点，此时"南区"结点下会出现"行政楼"与"教学楼"结点；点击"行政楼"结点左侧的"＋"号，展开"行政楼"结点，此时"行政楼"结点下会出现"A区"和"B区"结点；点击"A区"结点左侧的"＋"号，展开"A区"结点，此时"A区"结点下会出现"第一层"、"第二层"和"第三层"结点，如图7-46所示。

注意：这里所示的结点层次结构已在"电表安装地和隶属机构"中配置。

图7-46　设备管理信息列表

(3) 进入"第一层"结点设备管理界面，准备为其挂载电表：点击左侧"设备管理"链接下的"第一层"结点，进入"第一层"结点设备管理界面，如图7-47所示。

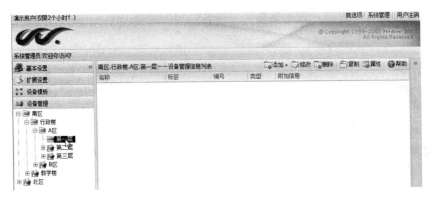

图 7-47 "第一层"结点设备管理界面

(4) 给"第一层"结点挂载电表：单击"第一层"结点设备管理界面中"第一层--户设备列表"栏中的添加按钮来挂载电表，如图 7-48 所示。此时会弹出"第一层--添加用户设备"窗口。根据本章开关部分所列的电表安装办法，首先挂载第一块电表 050201，如图 7-49 所示。

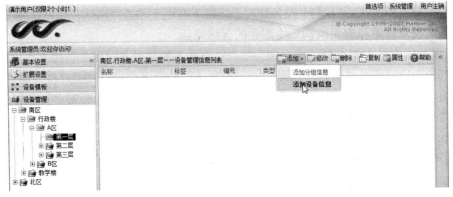

图 7-48 添加设备信息

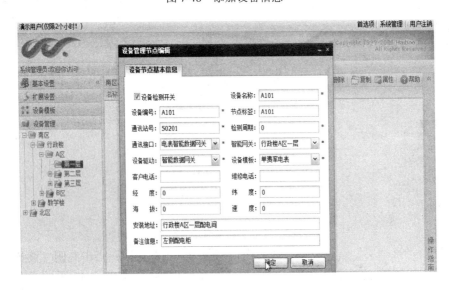

图 7-49 挂载第一块电表

在窗口中填入相应的用户设备(电表)信息，注意：带'*'号的项为必填项。

① 设备检测开关：这是一个开关变量，选中表示平台将对该电表进行集抄，不选中表示平台不会对该电表进行集抄。这里我们选中，表示对该电表进行集抄。

② 设备名称：即电表的名称，宜取有意义的名称，如取为该电表计量区域名称。该电表计量区域为"行政楼A区一层101室"，这里填入"A101"。

③ 设备编号：未用，填入与结点标签相同值即可。

④ 结点标签：指该电表在OPC树中的标识。一般取为电表名称的拼音或英文语义单词，这里取为"A101"。

注意：OPC标签不能为中文，其有效标识包括英文的26个字母、0～9的10个数字、横线、下横线及它们的任意组合。

⑤ 通讯站号：是电表的唯一标识号，便于在与平台通讯时唯一地标识自己。每个电表上都贴有标识号。

注意：确保通讯站号不冲突。

⑥ 检测周期：指平台对电表进行集抄的周期。如果填入数值"0"，则表示检测周期与通讯接口配置的检测周期相同。

注意：请参考7.3节"通讯配置"以对通讯接口配置检测周期。

⑦ 通讯接口：指平台与该电表的通讯方式，选择"电表智能数据网关"。

注意：这里提供的选择项是在7.3节"通讯配置"中配置的。

⑧ 智能网关：指与该电表直接通讯的电表智能数据网关。由于该电表安装在行政楼A区第一层，与安装在行政楼A区同一层的电表智能数据网关直接通讯，因此我们选择智能终端"行政楼A区一层"。

注意：这里提供的选择项是在7.5节"智能终端配置"中配置。

⑨ 设备驱动：指平台与电表智能数据网关通讯的驱动程序，选择"电表数据网关"。

⑩ 设备模板：单费率电表与多费率电表所需采集的数据是不同。我们已经在7.6节"电表采集参数配置"中分别为单费率电表和多费率电表配置了采集参数模板。由于该电表是单费率电表，我们选择"单费率电表"模板。

注意：这里提供的选择项是在7.6节"电表采集参数配置"中配置的。

⑪ 其它项：为可选项，可不填。在"安装地址"和"备注信息"中可填入一些电表的安装地址等信息，便于调试与管理。

⑫ 单击"确定"按钮，结束添加用户设备操作。

按照①～⑫相同的步骤为行政楼A区第一层结点挂载另两个电表050202和050203。

如图7-50所示，我们已添加了三个用户设备(电表)。添加用户设备(电表)后，可以在用户设备列表中选中一个用户设备(电表)，再点击"修改"链接来修改已存在的用户设备(电表)参数。也可以在用户设备(电表)列表中选中一个用户设备(电表)，再点击"删除"链接来删除已存在的用户设备(电表)。

按以上同样的方法，在行政楼第二层和第三层上挂载电表。不再赘述。

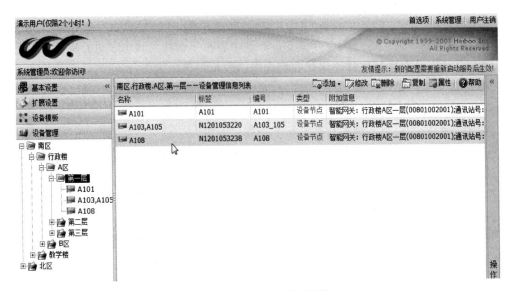

图 7-50　添加三个用户设备

7.8　扩展设置—电表属性

这里描述电表所具有的属性，即电表单价、电表倍率、用电类型和用电性质。并且为每种电表属性都配置了相应的属性模板。

7.8.1　配置电表属性—电表单价

我们假设要配置两种单价：普通单价(每单位用电费为 0.53 元)、特别单价(每单位用电费为 0.58 元)。

(1) 进入扩展设置—电表单价管理界面：点击左侧的"扩展设置"链接下的"电表单价"链接，进入扩展设置—电表单价管理界面，如图 7-51 所示。

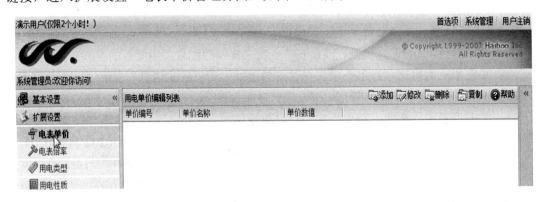

图 7-51　扩展设备—电表单价管理界面

(2) 添加电表单价模板"普通单价"：单击扩展设置—电表单价管理界面内"用电单价编辑列表"栏中的"添加"链接来添加电表单价模板。此时会弹出"配置电表单价"窗口，如图 7-52 所示。

图 7-52 "配置电表单价"窗口

在窗口中填入相应的电表单价信息，注意：带'*'号的项为必填项。

① 单价编号：每个单价模板在系统中的标识符，我们以"P0"开始，依次编号。

② 单价名称：该单价模板的名称，如"普通单价"、"特别单价"等。这里填入"普通单价"。

③ 单价数值：指该单价模板定义的每单位用电的价格，如 0.53 表示每单位费用为 0.53 元。

④ 单击"确定"按钮，结束添加单价操作。

按以上①~④相同的步骤添加单价模板"特别单价"。

如图 7-53 所示，我们已添加了两个单价模板。添加单价模板后，可以在计算公式列表中选中一个单价模板，再点击"修改"链接来修改已存在的单价模板参数。也可以在计算公式列表中选中一个单价模板，再点击"删除"链接来删除已存在的单价模板。

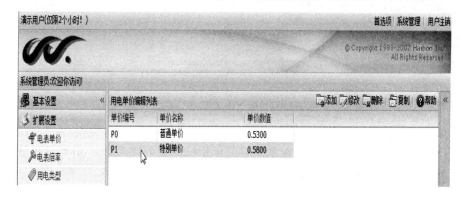

图 7-53 添加两个单价模板

7.8.2 配置电表属性—电表倍率

假设要配置两种倍率：1*1 倍率(实际用电数与电表示数相同)，1*40 倍率(实际用电数是电表示数的 40 倍)。

(1) 进入扩展设置－电表倍率管理界面：点击左侧的"扩展设置"链接下的"电表倍率"

链接，进入扩展设置—电表倍率管理界面，如图 7-54 所示。

图 7-54　扩展设置—电表倍率管理界面

　　(2) 添加电表倍率模板"1*1 倍率"：单击扩展设置—电表倍率管理界面内"电表倍率编辑列表"栏中的"添加"链接来添加电表倍率模板。此时会弹出"配置电表倍率"窗口，如图 7-55 所示。

图 7-55　"配置电表倍率"窗口

　　在窗口中填入相应的电表倍率信息，注意：带'*'号的项为必填项。
　　① 倍率编号：每个倍率模板的在系统中的标识符，我们以"M0"开始，依次编号。
　　② 倍率名称：该单价模板的名称，如"1*1 倍率"、"1*40 倍率"等。这里填入"1*1 倍率"。
　　③ 倍率数值：指该倍率模板定义的倍率值，这里填入 1。
　　④ 单击"确定"按钮，结束添加倍率操作。
　　按以上①～④相同的步骤添加单价模板"1*40 倍率"。
　　如图 7-56 所示，我们已添加了两个倍率模板。添加倍率模板后，可以在倍率列表中选中一个倍率模板，再点击"修改"链接来修改已存在的倍率模板参数。也可以在倍率列表中选中一个倍率模板，再点击"删除"链接来删除已存在的倍率模板。

图 7-56　添加两个倍率模板

7.8.3　配置电表属性—用电类型

假设要配置两种用电类型，照明和动力。

(1) 进入扩展设置—用电类型管理界面：点击左侧的"扩展设置"链接下的"用电类型"链接，进入扩展设置—用电类型管理界面，如图 7-57 所示。

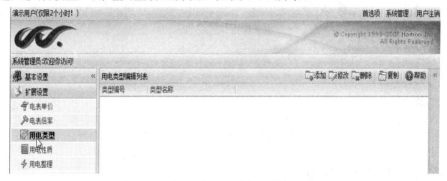

图 7-57　扩展设置—用电类型管理界面

(2) 添加用电类型模板"照明"：单击扩展设置—用电类型管理界面内"用电类型编辑列表"栏中的"添加"链接来添加用电类型模板。此时会弹出"配置用电类型"窗口，如图 7-58 所示。

图 7-58　"配置用电类型"窗口

在窗口中填入相应的用电类型信息，注意：带'*'号的项为必填项。

① 用电类型编号：每个用电类型模板的在系统中的标识符，我们以"T0"开始，依次编号。

② 用电类型名称：该用电类型模板的名称，如"照明"、"动力"等。这里填入"照明"。

③ 单击"确定"按钮，结束添加用电类型操作。

按以上①～③相同的步骤添加用电类型模板"动力"。

如图 7-59 所示，我们已添加了两个用电类型模板。添加用电类型模板后，可以在用电类型列表中选中一个用电类型模板，再点击"修改"链接来修改已存在的用电类型模板参数。也可以在用电类型列表中选中一个用电类型模板，再点击"删除"链接来删除已存在的用电类型模板。

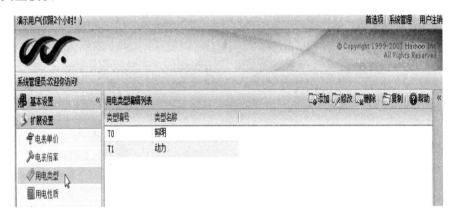

图 7-59　添加两个用电类型模板

7.8.4　配置电表属性—用电性质

假设要配置两种用电性质，公共用电(路灯等用电)和教学用电(教学楼，公室等用电)。

(1) 进入扩展设置—用电性质管理界面：点击左侧的"扩展设置"链接下的"用电性质"链接，进入扩展设置—用电性质管理界面，如图 7-60 所示。

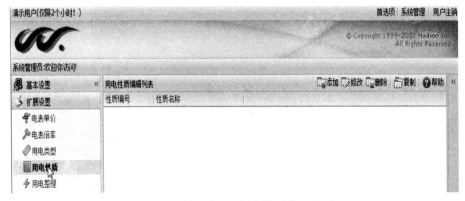

图 7-60　扩展设置—用电性质管理界面

(2) 添加用电性质模板"公共用电"：单击扩展设置—用电性质管理界面内"用电性质编辑列表"栏中的"添加"链接来添加用电性质模板。此时会弹出"配置用电性质"窗口，如图 7-61 所示。

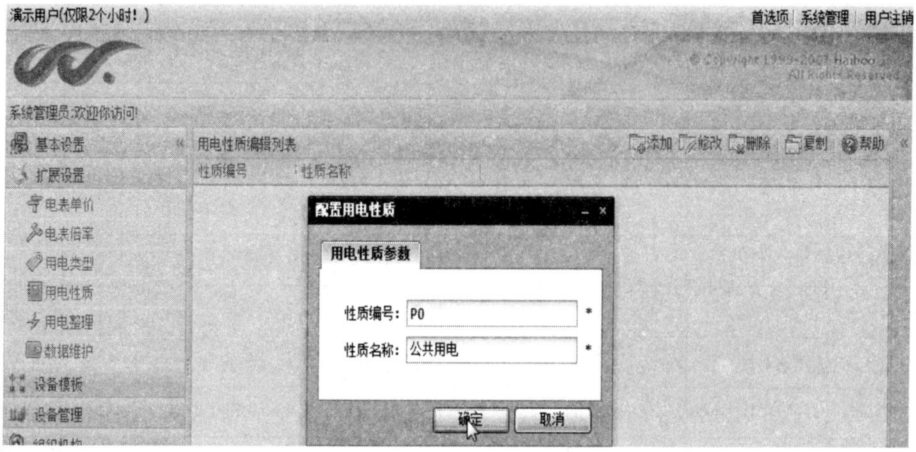

图 7-61　"配置用电性质"窗口

在窗口中填入相应的用电性质信息，注意：带'*'号的项为必填项。

① 用电性质编号：每个用电性质模板在系统中的标识符，我们以"P0"开始，依次编号。

② 用电性质名称：该用电性质模板的名称，如"公共用电"、"教学用电"等。这里填入"公共用电"。

③ 单击"确定"按钮，结束添加用电性质操作。

按以上①～③相同的步骤添加用电性质"教学用电"。

如图 7-62 所示，我们已添加了两个用电性质模板。添加用电性质模板后，可以在用电性质列表中选中一个用电性质模板，再点击"修改"链接来修改已存在的用电性质模板参数。也可以在用电性质列表中选中一个用电性质模板，再点击"删除"链接来删除已存在的用电性质模板。

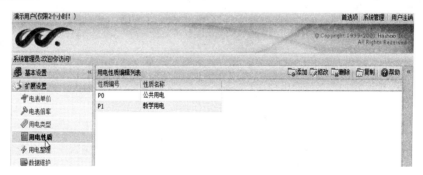

图 7-62　添加两个用电性质模板

7.9　配置电表属性具体操作(示例)

在 7.8 节"挂载电表"中给出了一个表格，列出了每个电表安装地等信息。表 7.2 给出了这些电表的属性。本节给这些电表设置相应的属性，以说明如何在系统中配置电表属性。

表7.2 电 表 属 性

电表标识	用电性质	用电类型	用电倍率	用电单价	隶属机构
050201	教学用电	照明	1*1 倍率	普通单价	后勤处
050202	教学用电	照明	1*1 倍率	普通单价	后勤处
050203	教学用电	照明	1*1 倍率	普通单价	后勤处
050211	教学用电	照明	1*1 倍率	普通单价	学生处
050212	教学用电	照明	1*1 倍率	普通单价	学生处
050213	教学用电	照明	1*1 倍率	普通单价	学生处
050221	教学用电	照明	1*1 倍率	普通单价	财务处
050222	教学用电	照明	1*1 倍率	普通单价	财务处
050223	教学用电	照明	1*1 倍率	普通单价	财务处

我们以设置电表050201的属性为例,该电表挂载地址是行政楼A区第一层A101房间。
步骤如下:

(1) 进入设备管理界面:点击左侧的"设备管理"链接,进入设备管理界面,如图7-63所示。

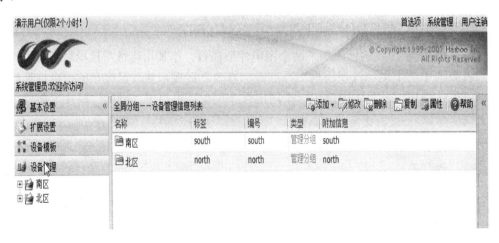

图 7-63 设备管理界面

从图7-63中可以看到左侧"设备管理"链接下有两个结点"南区"和"北区",这些是在7.4节"电表安装地和隶属机构"中配置的区域结点。

(2) 展开"南区"结点至"第一层"结点:点击左侧"设备管理"链接下"南区"结点左侧的"＋"号,展开"南区"结点,此时"南区"结点下会出现"行政楼"与"教学楼"结点;点击"行政楼"结点左侧的"＋"号,展开"行政楼"结点,此时"行政楼"结点下会出现"A区"和"B区"结点;点击"A区"结点左侧的"＋"号,展开"A区"结点,此时"A区"结点下会出现"第一层"、"第二层"和"第三层"结点,如图7-64所示。

注意:这里所示的结点层次结构已在7.4节"电表安装地和隶属机构"中配置。

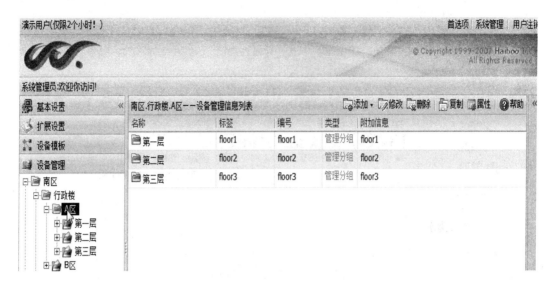

图 7-64　添加三个层次结点

(3) 进入"第一层"结点设备管理界面，准备设置电表属性：点击左侧"设备管理"链接下的"第一层"结点，进入"第一层"结点设备管理界面，如图 7-65 所示。

注意：图 7-65 中"用户设备列表"栏中列出的用户设备(电表)已在 7.7 节"挂载电表"中配置。

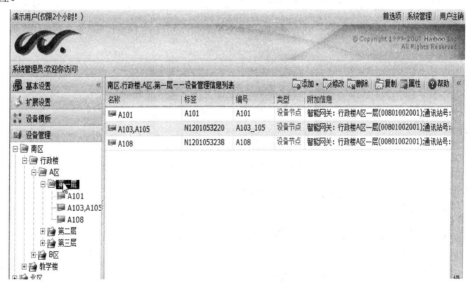

图 7-65　"第一层"结点设备管理界面

(4) 设置电表 050201(其设备名称为 A101)的属性：选中"第一层"结点设备管理界面中"南区．行政楼．A 区．第一层－－设备管理信息列表"栏中的电表 050201(其设备名称为 A101)，再点击"第一层"结点设备管理界面中"南区．行政楼．A 区．第一层－－设备管理信息列表"栏中"属性"按钮来设置电表属性，如图 7-66 所示。此时会弹出"所属设备编辑"窗口。根据本章开头部分所列的电表属性表格，设置电表 050201(其设备名称为 A101)的属性，如图 7-67 所示。

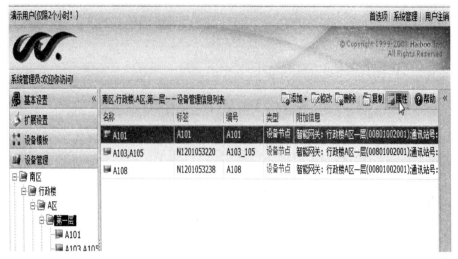

图 7-66　设置电表 050201

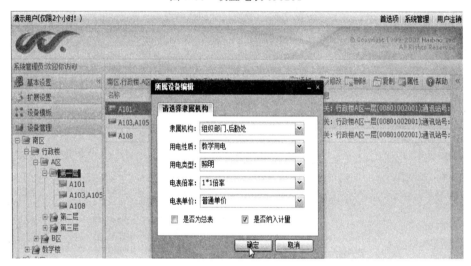

图 7-67　"所属设备编辑"窗口

在窗口中填入相应的电表属性信息，注意：带'*'号的项为必填项。

① 隶属机构：指承担该电表所计量费用的组织机构。由本节开头部分所列的电表属性表格可知，该电表隶属于后勤处，所以选择"行政部门.后勤处"。

注意：这里提供的选择项是在 7.4 节"电表安装地和隶属机构"中配置的。

② 用电性质：由本节开头部分所列的电表属性表格可知，该电表用电性质为"教学用电"，所以选择"教学用电"。

注意：这里提供的选择项是在 7.8 节"扩展设置--电表属性"的"配置电表属性--用电性质"中配置的。

③ 用电类型：由本节开头部分所列的电表属性表格可知，该电表用电性质为"照明"，所以选择"照明"。

注意：这里提供的选择项是在 7.8 节"扩展设置--电表属性"中的"配置电表属性--用电类型"配置的。

④ 用电倍率：指该电表的倍率值。由本节开头部分所列的电表属性表格可知，该电表用电性质为"1*1 倍率"，所以选择"1*1 倍率"。

注意：这里提供的选择项是在 7.8 节"扩展设置--电表属性"的"配置电表属性--用电倍率"中配置的。

⑤ 电表单价：指该电表每单位用电的价格。由本节开头部分所列的电表属性表格可知，该电表的单价为"普通单价"，所以选择"普通单价"。

注意：这里提供的选择项是在 7.8 节"扩展设置--电表属性"的"配置电表属性--电表单价"中配置的。

⑥ 是否为总表：该电表不是总表，它只计量 A101 房间，因此不选中该选项。

⑦ 是否纳入计量：选中。

⑧ 单击"确定"按钮，结束设置电表属性操作。

按照①～⑧相同的步骤，给行政楼 A 区第一层结点内的另两个电表 050202 和 050203 设置属性。

按照同样的方法，给行政楼 A 区第二层和第三层内的各电表设置相应的属性。

至此，已经设置了每个电表的属性及其隶属机构，可以在"组织机构"层次结构中看到每个机构内的全部电表。

7.10 数 据 转 存

平台将采集的电表数据存放在 OPC 树中，即内存中。平台也提供了数据转存的机制，将内存中的数据存储到外部数据库中，方便用户对历史数据的管理与查询。数据转存就是将内存中需存储的数据变量映射存储到外部数据库的某个表的对应表项中。

由于单费率电表和多费率电表需存储的数据变量不同，因此需要配置不同的数据转存机制。下面举例配置一个单配置数据转存机制，以说明如何在系统中配置数据转存机制。按如下步骤进行：

(1) 进入数据转存管理界面：点击左侧"基本设置"链接下的"存储模板"链接，进入数据转存管理界面，如图 7-68 所示。

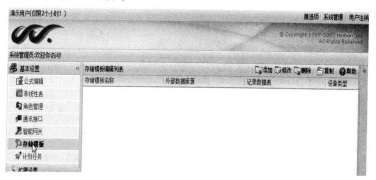

图 7-68 进入数据转存管理界面

(2) 添加转存模板：单击数据转存管理界面内"存储模板编辑列表"栏中的"添加"链接来添加转存模板。此时会弹出"存储模板编辑"窗口，如图 7-69 所示。

图 7-69　"存储模板编辑"窗口

在窗口中填入相应的转存模板信息，注意：带'*'号的项为必填项。

① 存储名称：指该转存模板的名称。这里填入"单费率转存"。

② 外部数据库：指内存数据转存的目的数据库。这里选择"CEMS"数据库。

注意：这里提供的可选项是在校园电能计量管理系统中配置的外部数据源。请参考"安装平台"来配置外部数据源。

③ 设备类型：该项限定了需要转存的内存数据变量的个数。我们选择"单费率电表"。注意：这里提供的可选项是在 7.6 节"电表采集参数配置"中配置的设备模板。

④ 记录数据表：指内存数据转存的外部数据库中的目的表。这里选择"DB_ammeterDatas"表。

注意：这里提供的可选项是在外部数据库中创建的所有表。

⑤ 转存映射关系：定义内存数据变量与外部数据库的目的表中各字段的转存映射关系。对于单费率电表来说，只需转存"设备 ID"、"数据时间"和"平电量"三个内存变量，它们对应于外部数据库目的表中的字段分别是"NodeID"、"ReadingDate"和"AmmeterData"。

⑥ 单击"确定"按钮，结束添加转存模板操作。

如图 7-70 所示，我们已添加了一个转存模板。添加转存模板后，可以在存储模板列表中选中一个转存模板，再点击"修改"链接来修改已存在的转存模板参数。也可以在存储模板列表中选中一个转存模板，再点击"删除"链接来删除已存在的转存模板。

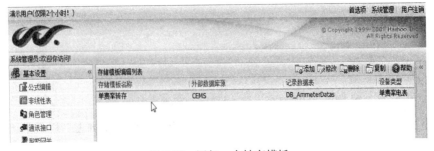

图 7-70　添加一个转存模板

7.11 用户角色管理

用户角色用于限定用户的操作权限和范围。配置好校园电能计量管理系统后，可以在门户系统中统一给各个用电部门分配用户账号，并选择相应的用户角色，以便他们能登录系统查看各自相关的用电情况。

接着前面章节的例子，我们给用户部门"学生处"配置用户角色。步骤如下：

(1) 进入用户角色管理界面：点击左侧"基本设置"链接下的"角色管理"链接，进入用户角色管理界面，如图 7-71 所示。

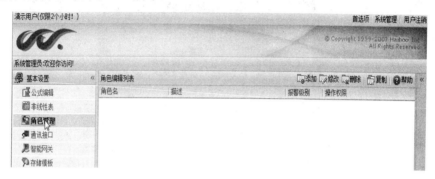

图 7-71　进入用户角色管理界面

(2) 添加用户角色：单击用户角色管理界面内右上角的"添加"链接来添加用户角色。此时会弹出"Web 访问角色编辑"窗口，如图 7-72 所示。

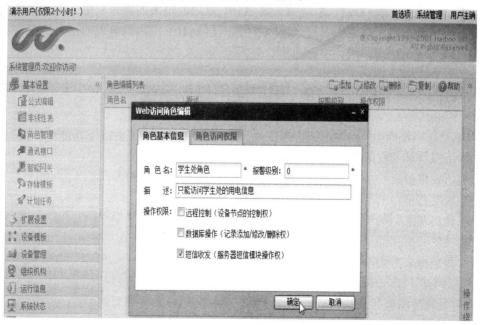

图 7-72　"Web 访问角色编辑"窗口

在窗口的"角色基本信息"页中填入相应的角色信息，注意：带'*'号的项为必填项。

① 角色名：这里填入"学生处角色"。

② 报警级别：未用。填 0 即可。

③ 描述：对该角色的备注信息。

④ 操作权限：指定该角色的操作权限。

在窗口的"角色访问权限"页中填入相应的角色权限信息，如图 7-73 所示。

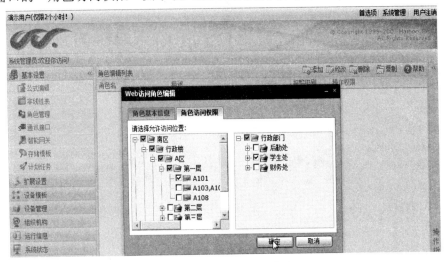

图 7-73　填入角色权限信息

"角色访问权限"页分为两栏，在左侧栏中，可以电表物理安装地层次结构来设置权限，在右侧栏中，可以电表隶属机构层次结构来设置权限。如图 7-73 所示，我们给该角色分配了对"学生处"及行政楼 A 区第一层 A101 室内的电表的操作权限。这样该角色的用户都能查看学生处的所有电表及行政楼 A 区第一层 A101 室内的电表的用电情况，并且只能查看这些电表的用电情况。

7.12　用户使用登录系统

本部分介绍校园电能计量管理系统的使用。主要介绍该系统的以下功能的使用：

(1) 用户登录及权限鉴定；

(2) 电表集抄；

(3) 楼层和部门的用电明细查询；

(4) 楼层和部门的用电统计；

(5) 楼层和部门的用电分析；

(6) 用电报表导出与打印；

(7) 用电部门账户管理。

使用系统前需要登录系统，电能计量管理系统的用户账号分为两类：

1) 系统管理员账号

该账号具有最高权限，能进入系统的管理界面配置和管理系统。需要配备安全用户电子钥匙才能以管理员权限登录系统。

2) 普通用户账号

该账号只有受限权限。这类帐号一般由系统管理员分配给各用户部门使用，因此只能操作所辖部门的信息。

系统管理员账号登录系统需要使用安全用户电子钥匙，详细登录方式见文档第三部分"配置校园电能计量管理系统"的"登录系统"。下面叙述用普通用户账号登录系统。以化工学院的账号登录为例：在登录界面的"用户名"和"口令"输入框中分别输入分配给化工学院的用户账号名和口令，并在应用程序选择下拉栏中选择"校园电能计量管理系统"，点击登录按钮即可登录系统。如图 7-74 所示。

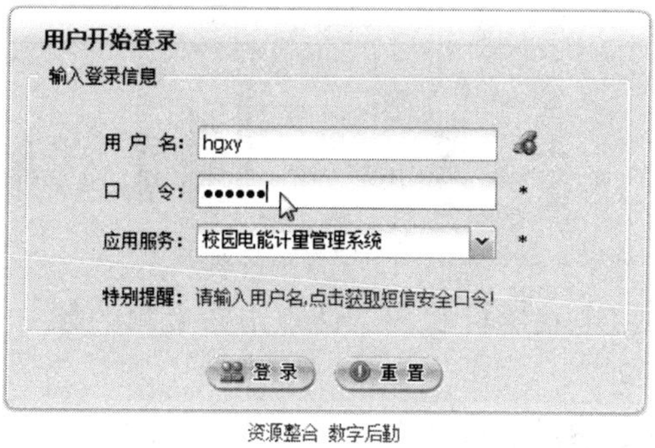

图 7-74　登录系统

登录后，系统自动进入操作界面(即"首选项"界面)。

在操作界面中，可以点击右上角的 "用户注销"链接，注销用户本次登录；当然也可以在该操作界面中完成几乎所有的系统功能，如电表集抄，用电明细查询，用电汇总统计与分析，用电报表导出与打印，用户账户管理等。我们将在下面的章节中一一叙述。注意：在以下的章节的叙述中，都假设用户以普通用户账号成功地登录到系统，并且进入了操作界面(即"首选项"界面)。

7.13　电 表 集 抄

通过电表集抄，可以即时向电表发送集抄命令，看到各个电表的随时数据。要查看电表的示数、倍率、用电类型、安装地址等其它信息，在操作界面左侧第一个功能项"校园电表集抄"中展开楼层层次结构树，直到找到所需的电表，点击该电表即能在操作界面的右侧以 SVG 形式显示该电表的相关信息。注意：如果浏览器不能显示 SVG 图形，请下载 SVG Viewer 插件并安装。下载链接在操作界面左侧的左下角。图 7-75 所示的是"南校区.化工楼.A 区.三层.B301"房间的电表的信息。

在图 7-75 中可以看到，该电表的当前示数是 1528.57(度)。而该电表的实际倍率是 1，故从图中的"实际电量"域中可知该电表的实际电量是 1528.57 度。还可以看到该电表的地址、电表编号、用电类型、用电属性、隶属机构、安装地址、安装时间、集抄时间(通讯时间)、电表所辖的智能网关编号(终端标识)、电表当前状态(是否在线)及其它备注信息等。

图 7-75 中下方的柱状图显示的是该电表当天及前两天(72 小时)的用电状况对照图。图中显示的是该电表当天 24 小时内的用电状况。可以看出这天用电量相对平稳且用电量较少。

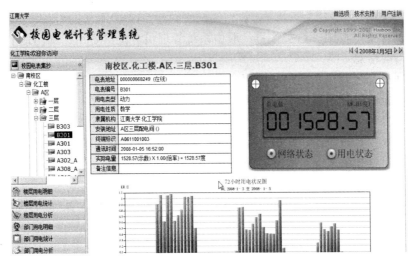

图 7-75　电表信息显示

如果要查看其它天的用电状况柱状图，请点击右上角的翻动页按钮，如图7-76所示。

图 7-76　翻动页按钮

其中最左侧的按钮将翻动显示最前天的用电状况柱状图，左侧第二个按钮则翻动显示前一天的柱状图；右侧第一个按钮将翻动显示最后天的用电柱状图，而右侧第二个按钮将翻动显示后一天的用电柱状图。

7.13.1　楼层用电明细查询

若要查看某个楼层内所有电表的用电明细，则在操作界面左侧第二个功能项"楼层用电明细"中展开楼层层次结构树，直到找到所需的楼层，即能在操作界面的右侧以表格形式显示该楼层内各电表的用电明细信息。图7-77所示为"南校区.化工楼"内所有电表的用电明细情况。

图 7-77　"南校区.化工楼"电表用电明细

在默认情况下，显示的电表用电明细都是当月的统计信息。如果用电明细信息太多而不能在一页中显示完，将会自动分成多页。这时要查看其它页的内容，请点击左下角的翻动页按钮，如图7-78所示。

图 7-78　翻动页按钮

其中最左侧的按钮将翻动显示第一页的用电明细，左侧第二个按钮则翻动显示前一页的用电明细;右侧第一个按钮将翻动显示最后一页的用电明细，而右侧第二个按钮将翻动显示后一天的用电明细。

如果要查看其它时间段内的该楼层各电表的用电明细，请点击右上角的"查询"链接，此时会出现"楼层用电明细查询"对话框，如图7-79所示。

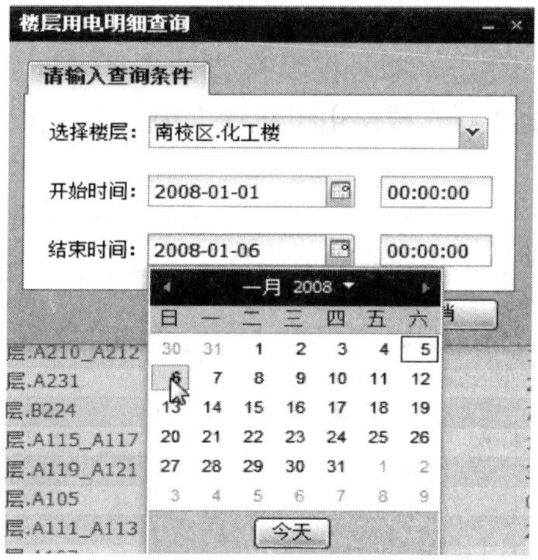

图 7-79　"楼层用电明细查询"对话框

在该对话框中，可以直接输入统计时间信息，也可以点击输入框右侧的日历按钮，在日历框中选择统计日期和时间。输入完毕后点击"确定"按钮即可显示该时间段内的楼层各电表用电明细。

要保存当前的楼层用电明细信息，可以将它们以文件形式导出。只需点击右上角的"导出"链接，在弹出的"楼层用电明细报表导出"对话框中选择适宜的文件格式，点击确定后就可导出。如图7-80所示，我们支持导出三种文件格式，即 PDF、Word、Excel 文件。

图 7-80　选择文档格式

在"楼层用电明细报表导出"对话框的"请选择排序方式"标签页中,还可以指定对导出的文件中记录的特定排序方式,如图 7-81 所示。

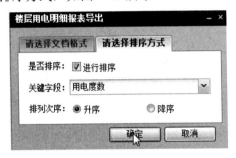

图 7-81　选择排序方式

楼层用电明细查询是以电表安装地址关系组织显示各电表的用电明细,而部门用电明细查询是以电表隶属关系组织显示各电表的用电明细,因此部门用电明细查询的操作方法与楼层用电明细查询的完全相同,在此不再赘述。

查看所辖楼层及子楼层(由登录账号权限确定)的当月(截止到当天)各天的用电统计量,请在操作界面左侧第三个功能项"楼层用电统计"中点击"按月用电报表"链接即可,如图 7-82 所示。

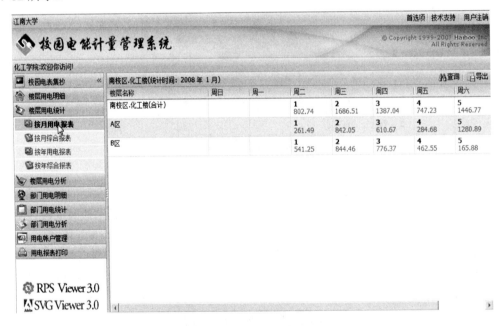

图 7-82　查看用电统计量

在图中可以看到所辖楼层"南校区.化工楼"的当月每天的汇总用电量,还可以看到其子楼层的当月每天的用电量。图中显示的信息太长,可以使用下方的滚动框左右滚动查看被遮挡的统计信息。

如果想查看其它月份的月每天用电报表,请点击右上方的"查询"链接,此时会弹出"楼层月用电统计查询"对话框,如图 7-83 所示。

图 7-83 "楼层月用电统计查询"对话框

在该对话框中选择要查询的楼层名；再选择统计的年度和月份,点击确定即可查询相应的月用电报表信息。

要保存当前的楼层月用电报表,可以将它们以文件形式导出。只需点击右上角的"导出"链接,在弹出的"楼层月用电报表导出"对话框中选择适宜的文件格式,点击确定后就可导出。如图 7-84 所示,我们支持导出三种文件格式,即 PDF、Word、Excel 文件。

图 7-84 选择导出文档格式

若要查看所辖楼层及子楼层(由登录账号权限确定)的当月用电综合统计信息,则在操作界面左侧第三个功能项"楼层用电统计"中点击"按月综合报表"链接即可,如图 7-85所示。

图 7-85 查看楼层当月综合统计信息

在图中可以看到所辖楼层"南校区.化工楼"的当月汇总用电统计量，如用电度数、用电金额等，及按类型或按性质分类的各种类别的当月用电量汇总统计信息，还可以看到其子楼层的相应的月综合统计用电信息。

如果想查看其它月份的月综合报表，则点击右上方的"查询"链接，此时会弹出"楼层月用电综合查询"对话框，如图 7-86 所示。

在该对话框中选择要查询的楼层名，再选择统计的年度和月份，点击确定即可查询相应的月用电报表信息。

要保存当前的楼层月综合报表，可以将它们以文件形式导出。只需点击右上角的"导出"链接，在弹出的"楼层月综合用电报表导出"对话框中选择适宜的文件格式，点击确定后就可导出。如图 7-87 所示，我们支持导出三种文件格式，即 PDF、Word、Excel 文件。

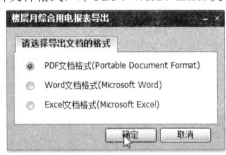

图 7-86　"楼层月用电综合查询"对话框　　　图 7-87　"楼层月综合用电报表导出"对话框

7.13.2　楼层按年用电报表

若查看所辖楼层及子楼层(由登录账号权限确定)的当年(截止到当月)各月的用电统计量，请在操作界面左侧第三个功能项"楼层用电统计"中点击"按年用电报表"链接即可，如图 7-88 所示。

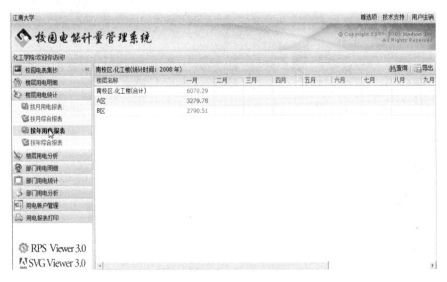

图 7-88　查询楼层当年各月用电统计量

在图 7-88 中可以看到所辖楼层"南校区.化工楼"的当年(截止到当月)每月的汇总用电量,还可以看到其子楼层的当年(截止到当月)每月的用电量。图中显示的信息太长时,可以使用下方的滚动框左右滚动查看被遮挡的统计信息。

如果想查看其它年份的年用电报表,请点击右上方的"查询"链接,此时会弹出"楼层年用电统计查询"对话框,如图 7-89 所示。

在该对话框中选择要查询的楼层名;再选择统计的年度,点击确定即可查询相应的月用电报表信息。

要保存当前的楼层年用电报表,可以将它们以文件形式导出。只需点击右上角的"导出"链接,在弹出的"楼层年用电报表导出"对话框中选择适宜的文件格式,点击确定后就可导出,如图 7-90 所示,我们支持导出三种文件格式,即 PDF、Word、Excel 文件。

图 7-89 "楼层年用电统计查询"对话框　　　图 7-90 "楼层年用电报表导出"对话框

若查看所辖楼层及子楼层(由登录账号权限确定)的当年用电综合统计信息,请在操作界面左侧第三个功能项"楼层用电统计"中点击"按年综合报表"链接即可,如图 7-91 所示。

图 7-91 查询楼层当年用电综合统计信息

在图 7-91 中可以看到所辖楼层"南校区.化工楼"的当年汇总用电统计量,如用电度数、用电金额等,以及按类型或按性质分类的各种类别的当年用电量汇总统计信息,还可以看到其子楼层的相应的年综合统计用电信息。

如果想查看其它年份的年综合报表，则点击右上方的"查询"链接，此时会弹出"楼层年用电综合查询"对话框，如图 7-92 所示。

在该对话框中选择要查询的楼层名，再选择统计的年度，点击确定即可查询相应的年用电综合报表信息。

若要保存当前的楼层年综合报表，则可以将它们以文件形式导出。只需点击右上角的"导出"链接，在弹出的"楼层年用电综合报表导出"对话框中选择适宜的文件格式，点击确定后就可导出，如图 7-93 所示，我们支持导出三种文件格式，即 PDF、Word、Excel 文件。

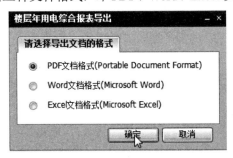

图 7-92 "楼层年用电综合查询"对话框   图 7-93 "楼层年用电综合报表导出"对话框

7.14 用 电 分 析

1. 按楼层比较

"按楼层比较"可以所辖楼层下所有子楼层某月的用电量为依据，绘制出不同颜色的用电柱状图，从而能突显所辖楼层下所有子楼层的用电状况。

使用"按楼层比较"功能，请在操作界面左侧第四个功能项"楼层用电分析"中点击"按楼层比较"链接即可，如图 7-94 所示。

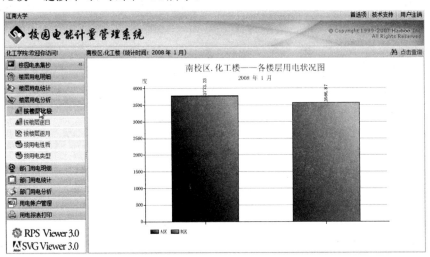

图 7-94 按楼层比较图

在图 7-94 中可以看到所辖楼层"南校区.化工楼"下属的两个子楼层"A 区"、"B 区"当月的月用电依次为 3773.23 度、3566.876 度，并以不同颜色的柱状图显示。

如果想查看其它月份、楼层的月用电比较信息，请点击右上方的"点击查询"链接，此时会弹出"请输入查询条件"对话框，如图7-95所示。

图7-95 "请输入查询条件"对话框

在该对话框中可以选择相应的查询楼层；再选择分析的年度和月份，点击确定即可查询相应的月用电比较信息。注意：显示的结果为该楼层下所有子楼层的月用电比较信息。

2. 按部门比较

要访问按部门比较功能，请选择操作界面左侧第七个功能项"部门用电分析"中的"按部门比较"链接即可。其操作方式与上述"按楼层比较"完全相同，在此不再赘述。

3. 按楼层逐日

"按楼层逐日"可以所辖楼层某月中每天的用电量为依据，绘制出用电柱状图，便于比较楼层每天的用电量。

使用"按楼层逐日"功能，请在操作界面左侧第四个功能项"楼层用电分析"中点击"按楼层逐日"链接即可，如图7-96所示。

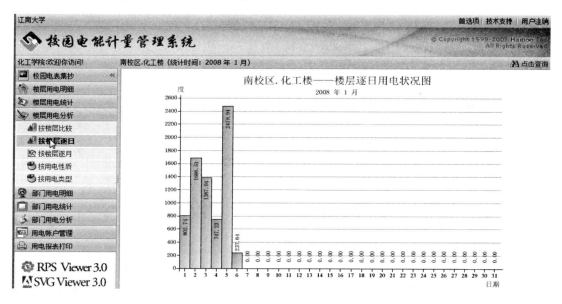

图7-96 "按楼层逐日(用电分析)"图

在图7-96中可以看到所辖楼层"南校区.化工楼"当月每天的用电量，并以柱状图形式显示每天用电对比。

如果想查看其它月份或其子楼层的月每天的用电及对比信息，请点击右上方的"点击查询"链接，此时会弹出"按楼层逐日查询"对话框，如图7-97所示。

图7-97 "按楼层逐日查询"对话框

在该对话框中可以选择相应的查询楼层；再选择分析的年度和月份，点击确定即可查询相应的月每天用电及对比信息。

4. 按部门逐日

要访问按部门逐日功能，请选择操作界面左侧第七个功能项"部门用电分析"中的"按部门逐日"链接即可。其操作方式与前"按楼层逐日"完全相同，在此不再赘述。

5. 按楼层逐月

"按楼层逐月"可以所辖楼层某年中每月的用电量为依据，绘制出用电曲线图，便于比较部门每月的用电量。

使用"按楼层逐月"功能，请在操作界面左侧第四个功能项"楼层用电分析"中点击"按楼层逐月"链接即可，如图7-98所示。

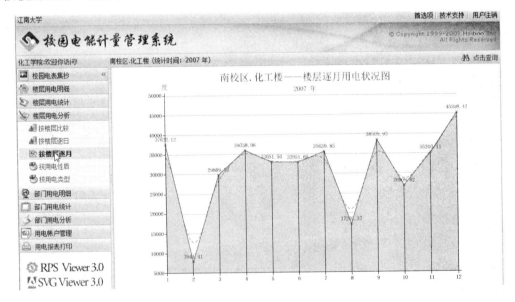

图7-98 "按楼层逐月(用电分析)"图

在图7-98中可以看到用户所辖楼层"南校区.化工楼"2007年每月的用电量，并以曲线图形式显示月用电趋势。

如果想查看其它年份或其子楼层的月用电及对比信息，则点击右上方的"点击查询"链接，此时会弹出"请输入查询条件"对话框，如图 7-99 所示。

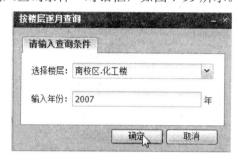

图 7-99　"请输入查询条件"对话框

在该对话框中可以选择相应的查询楼层；再选择分析的年份，点击确定即可查询相应的月用电及对比信息。

6. 按部门逐月

要访问按部门逐月功能，请选择操作界面左侧第七个功能项"部门用电分析"中的"按部门逐月"链接即可。其操作方式与"按楼层逐月"完全相同，在此不再赘述。

7. 按楼层用电类型

"按楼层用电类型"分析功能以所辖楼层各类型用电的用电量为依据，绘制出各类型用电在全部用电量中所占的用电比例的柱状图和饼状图。

使用楼层"按用电类型"功能，请在操作界面左侧第四个功能项"楼层用电分析"中点击"按用电类型"链接即可，如图 7-100 所示。

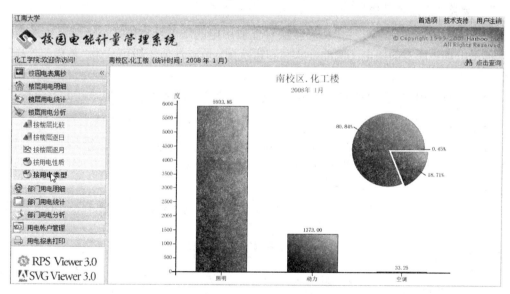

图 7-100　"按楼层用电类型(用电分析)"图

在图 7-100 中可以看到共有三种用电类型："照明"、"动力"、"空调"，它们当月的月用电量依次为 5933.85 度、1373.00 度、33.25 度，并分别以柱状图和饼状图显示。

如果想查看其它年度、月份及其子楼层的月用电比较信息，请点击右上方的"点击查询"链接，此时会弹出"按楼层用电类型查询"对话框，如图 7-101 所示。

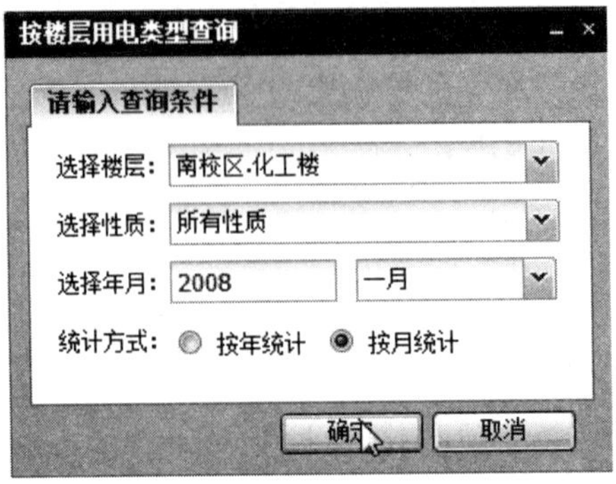

图 7-101 "按楼层用电类型查询"对话框

在该对话框中可以选择相应查询楼层，再选择分析的年度和月份，点击确定即可查询相应的各类型用电的用电度比用电比较信息。注意：当选择"按年统计"时，显示的结果为某年中各类型用电的统计信息；当选择"按月统计"时，显示的结果为某月各类型用电的统计信息。

8. 按部门按用电类型

要访问按部门按用电类型分析功能，请选择操作界面左侧第七个功能项"部门用电分析"中的"按用电类型"链接即可。其操作方式与前面"按楼层逐月"完全相同，在此不再赘述。

9. 楼层"按用电性质"

楼层"按用电性质"以用户所辖楼层各性质用电的用电量为依据，绘制出各性质用电在全部用电量中所占的用电比例的柱状图和饼状图。用电性质一般可分为"教学"、"科研"、"公共"等。

楼层"按用电性质"的操作与"按楼层用电类型"的操作完全类似，在此不再赘述。

10. 部门"按用电性质"

部门"按用电性质"以用户所辖部门各性质用电的用电量为依据，绘制出各性质用电在全部用电量中所占的用电比例的柱状图和饼状图。用电性质一般可分为"教学"、"科研"、"公共"等。

部门"按用电性质"的操作与"按楼层用电类型"的操作完全类似，在此不再赘述。

7.15 用电帐户管理

1. 明细查询

"明细查询"查看所辖部门帐户当年截止到查询当天时所有的收支金额明细表。收入金额指添加到帐户中的金额数，以正数表示。支出金额指每月从帐户中扣除的用电金额数，以负数表示。

使用"明细查询"功能，请在操作界面左侧第八个功能项"用电帐户管理"中点击"明细查询"链接即可，如图 7-102 所示。

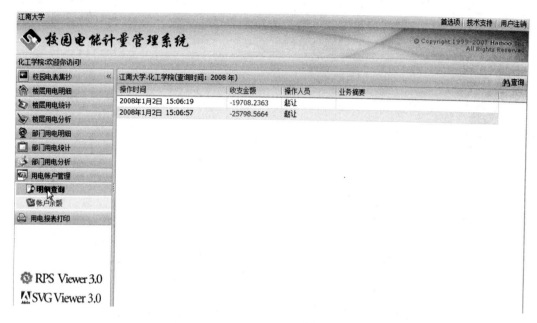

图 7-102　查看所辖部门帐户收支金额明细表

从图 7-102 中可以看到共有两项明细，分别列出了收支的金额数、操作人员及各项明细的业务摘要。

如果想查看其它年份、部门的帐户收支明细信息，请点击右上方的"查询"链接，此时会弹出"部门账户明细查询"对话框，如图 7-103 所示。

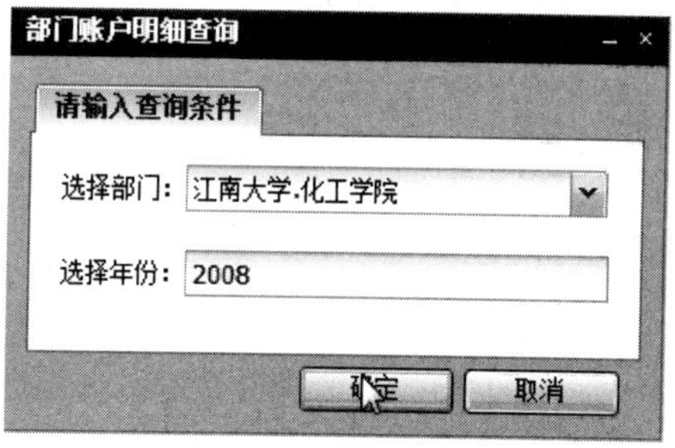

图 7-103　"部门账户明细查询"对话框

在该对话框中可以选择要查询的部门和年份，点击确定即可查看相应的帐户收支明细信息。

2．帐户余额

"帐户余额"查看用户所辖部门帐户当年截止到查询当天时的帐户余额以及帐户的创建时间、最近操作时间等信息。帐户余额是该帐户收支金额的代数和。

使用"帐户余额"功能，请在操作界面左侧第八个功能项"用电帐户管理"中点击"帐户余额"链接即可，如图 7-104 所示。

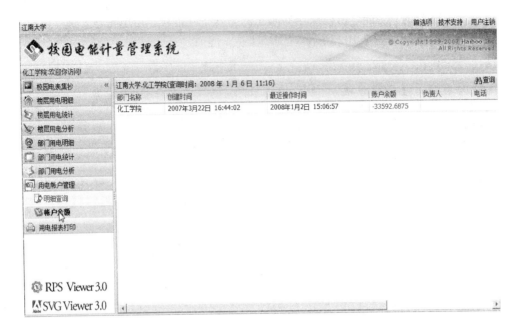

图 7-104　"帐户余额"查询

如果想查看其它部门的帐户信息，请点击右上方的"查询"链接，此时会弹出"部门账户信息查询"对话框，如图 7-105 所示。

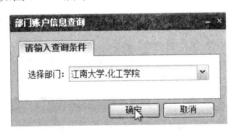

图 7-105　"部门账户信息查询"对话框

在该对话框中选择要查询的部门并点击确定即可查看相应的帐户信息。

3. 部门月用电打印

"部门月用电打印"以所辖部门下的子部门为单位，计算每个子部门的上月用电汇总，并显示每个子部门的三联单形式报表。也可以将显示的三联单报表导出成文件以便保存，或直接打印。

使用"部门月用电打印"功能，请在操作界面左侧第九个功能项"用电报表打印"中点击"部门月用电打印"链接即可，如图 7-106 所示。

从图 7-106 中可以看到用户所辖部门的三个子部门的上月用电汇总三联单报表及一些报表显示、导出、打印控制按钮。每个三联单报表主要包括 12 项内容，分别为报表的部门、结算时段、年度计划(元)、已用金额(元)、剩余金额(元)、上期累计(度)、本期累计(度)、本期用电(度)、用电金额(元)、类型明细、属性明细和单价等。

报表上侧显示的一行按钮用于控制报表的打印、导出和显示操作。

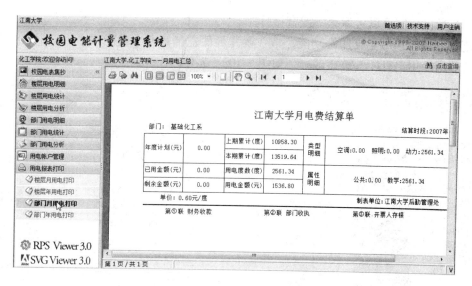

图 7-106　部门月用电打印

点击打印按钮(从左到右第一个)将弹出 Windows 标准打印对话框，用户可以在该对话框中设置相应的属性进行打印。

点击导出按钮(从左到右第二个)显示选择导出文件类型下拉栏，支持四种导出文件的格式，分别为 PDF 文件、Excel 文件、HTML 文件和 RTF 文件。

整页按钮(从左到右第四个)将报表以整页形式显示，页宽按钮(从左到右第五个)将报表调整到显示视图的大小显示，100%按钮(从左到右第六个)将按报表实际大小显示，两页按钮(从左到右第七个)将报表以两页并排形式显示。

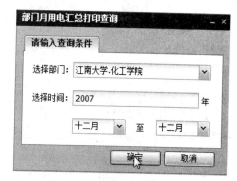

如果想查看其它月份的各子部门的三联单月用电汇总报表，请点击右上方的"点击查询"链接，此时会弹出"部门月用电汇总打印查询"对话框，如图 7-107 所示。

图 7-107　"部门月用电汇总打印查询"对话框

在该对话框中选择要查询的部门、年度和月份并点击确定即可查看相应的三联单月用电汇总报表。

4. 楼层月用电打印

要访问楼层月用电打印功能，请选择操作界面左侧第九个功能项"用电报表打印"中的"楼层月用电打印"链接即可。其操作方式与"部门月用电打印"完全相同，在此不再赘述。

5. 部门年用电打印

"部门年用电打印"将用户所辖部门当年至查询当月的每月用电统计及明细信息以报表的形式显示，并在报表的下方以柱状图形式显示月份用电比例图。也可以将显示的报表和比例图导出成文件以便保存，或直接打印。

使用"部门年用电打印"功能，请在操作界面左侧第九个功能项"用电报表打印"中点击"部门年用电打印"链接即可，如图7-108、7-109所示。

图7-108　部门年用电(汇总表)打印(一)

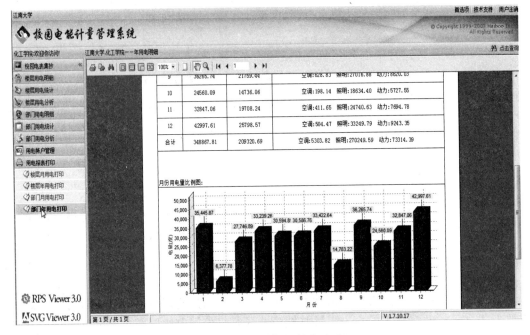

图7-109　部门年用电(汇总表)打印(二)

从图 7-108、7-109 中可以看到 2007 年截止到查询当月(12 月)的每月用电量、各属性用电明细及年合计量。

报表上侧显示的一行按钮用于控制报表的打印、导出和显示操作。这些操作与"部门月用电汇总"中的操作完全类似，在此不再赘述。

如果想查看其它年份、部门的年用电明细报表及比例图，请点击右上方的"点击查询"链接，此时会弹出"部门年用电明细打印查询"对话框，如图 7-110 所示。

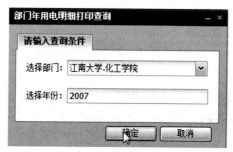

图 7-110 "部门年用电明细打印查询"对话框

在该对话框中选择要查询的部门和年份并点击确定即可查看相应的年用电明细报表及比例图信息。

6. 楼层年用电打印

要访问楼层年用电打印功能，请选择操作界面左侧第九个功能项"用电报表打印"中的"楼层年用电打印"链接即可。其操作方式与 "部门年用电打印"完全相同，在此不再赘述。

思考题与习题

(1) 电能管理系统涉及哪些内容？账户管理和用电分析的重点是什么？

(2) 你能设计一个节能管理新的软件方案吗？

第8章　网络预付费水电管理

8.1　预付费接口概述

本章仍以江南大学的应用为例。其网络预付费水电管理接口以网络预付费水电管理系统(以下简称 CPES 系统)为基础，针对高级用户需求定制一套第三方应用接入解决方案。它在原有 CPES 系统上，设计了灵活而又开放的网络预付费水电管理机制，并为用户提供高强度安全可靠的应用接入开发接口，使用户能够在享受强大安全性的同时，可以根据自己需要更加灵活地实现预付费水电管理相关查询、买电(水)、退电(水)等服务。

网络预付费水电接口具有如下功能特点。

1．高效灵活的应用接入

网络预付费水电管理接口采用 XML 方式进行用户信息查询，以及采用 Web Service 方式进行预付费水电业务操作。为用户提供的基于 HTTP 通讯的应用开发接口，在适应各类开发平台的接入上高效而又灵活。利用这个接口业务系统可以与 CPES 系统进行以 SSL 安全通讯为基础的身份验证，认证通过后建立安全连接并进行业务操作。图 8-1 是网络预付费水电管理接口的应用框架图。

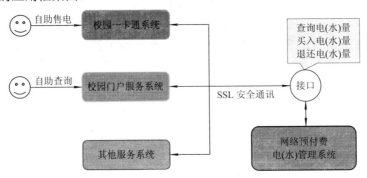

图 8-1　网络预付费水电管理接口应用框架

2．多应用平台支持

网络预付费水电管理接口能同时支持 C/S 及 B/S 的应用开发。支持包括 .Net 平台、J2EE 平台、Apache + PHP、IIS + ASP 等。同时对于未知平台的客户端开发，予以充分配合和支持。

3．全方位安全性保障

网络预付费水电管理接口在三个方面提供了安全性保障：

(1) 采用 2048 位加密处理的 SSL 安全通讯，保证了用户的数据的安全和私密；

(2) 使用绑定 IP 地址的专用预付费账户进行接口访问的 HTTP 认证；

(3) 详细记录网络预付费水电管理接口业务操作的审计日志，以便分析业务是否存在异常，追溯业务操作。

8.2 网络预付费水电管理接口说明

网络预付费水电管理接口主要分两部分：XML 接口和 WebService 接口。

XML 接口提供了根据学(工)号检索 CPES 系统中所属电(水)表位置信息及开户号信息的功能，为实现第三方网络预付费水电管理的基础。

WebService 接口提供了根据开户号操作 CPES 系统中所属电(水)表的功能，为实现第三方网络预付费水电管理的业务整合。

XML 接口与 WebService 接口的关系如图 8-2 所示。

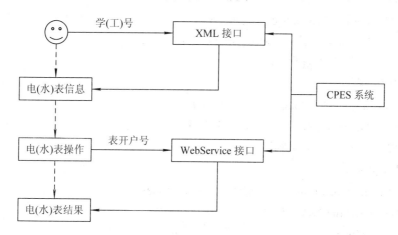

图 8-2 XML 接口与 WebService 接口的关系

1．XML 接口

1) 接口访问路径

访问路径为

    http[s]:// +实际系统 IP 地址+/project/CPES/fwp/soap/accountList.fwps?stuno=学(工)号

2) 接口返回格式

接口返回 XML 如下：

    <?xml version='1.0' encoding='UTF-8' standalone='no'?>

    <AccountList>

        <Item>

            <AccountID>1001</AccountID>

            <FullNodeName>学生公寓.15 栋.101 室</FullNodeName>

        </Item>

        <Item>

```
<AccountID>1002</AccountID>
<FullNodeName>学生公寓.15 栋.102 室</FullNodeName>

</Item>
</AccountList>
```

上述结果表明该学工号所属电(水)表有两个房间。其中，"学生公寓.15 栋.101 室"对应的电(水)表开户号为"1001"；"学生公寓.15 栋.102 室"对应的电(水)表开户号为"1002"。

2. WebService 接口

1) 接口访问路径

WSDL 路径为

http[s]://+实际系统 IP 地址+/project/CPES/fwp/soap/CPES.wsdl

2) 接口操作方法

(1) 查询当前累计电(水)量。

接口函数：double GetTotal(int AccountID)；

参数说明：AccountID(输入)为电(水)表对应的开户号；

返回结果：当前累计电(水)量。

(2) 查询当前剩余电(水)量。

接口函数：double GetBalance(int AccountID)；

参数说明：AccountID(输入)为电(水)表对应的开户号；

返回结果：当前剩余电(水)量。

(3) 买入电(水)量。

接口函数：int DoBuy(int AccountID，double Money)；

参数说明：AccountID(输入)为电(水)表对应的开户号；

　　　　　Money(输入)为买入电(水)量对应的金额；

返回结果：0—表示成功，1 表示失败，返回具体错误代码。

(4) 退还电(水)量。

接口函数：int DoSell(int AccountID，　double Money)；

参数说明：AccountID(输入)为电(水)表对应的开户号；

　　　　　Money(输入)为退还电(水)量对应的金额；

返回结果：0 表示成功，1 表示失败，返回具体错误代码。

3. 错误信息代码

```
#define    CPES_SUCCESS      0x00000000   //没有错误信息
#define    CPES_GATEWAY      0x00000001   //网关命令返回错误或无应答
#define    CPES_DEVICE       0x00000002   //设备无应答
#define    CPES_PROTOCOL     0x00000004   //设备命令协议错误
#define    CPES_DATABASE     0x00000008   //数据库操作错误
#define    CPES_ACCOUNT      0x00000010   //用户不存在
```

8.3 网络预付费水电管理接口方案

1. 一卡通预付费自助售电

1) 服务架构
服务架构如图 8-3 所示。

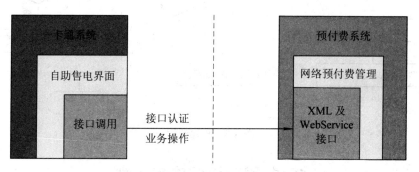

图 8-3 服务架构

2) 程序流程
程序流程如图 8-4 所示。

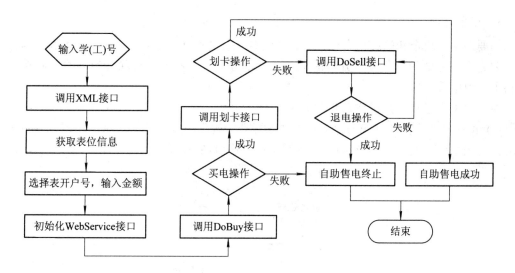

图 8-4 程序流程

2. 校园门户预付费自助查询

1) 服务架构
服务架构如图 8-3 所示。

2) 程序流程
程序流程如图 8-5 所示。

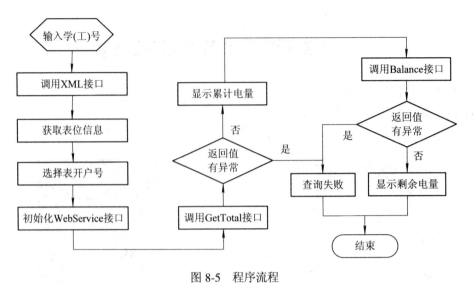

图 8-5　程序流程

8.4　用电管理功能示例

8.4.1　开户与销户

1．单个开户

当要使用一块全新的预付费电表时，必须对此表进行开户操作。这和手机 SIM 卡类似，都需要先开户才能使用。没有开户的电表内部不含参数，不能进行除开户外的任何操作，如售电、退电等。

对一块电表进行开户操作，步骤如下：

(1) 请在操作界面左侧第一个功能项"预付费管理"中展开楼层层次结构树，直到找到需开户电表所在房间，点击该房间(绿色图标)，如图 8-6 所示。

图 8-6　操作导航

(2) 操作界面的右侧以 SVG 形式显示该电表的相关信息。注意：如果浏览器不能显示 SVG 图形，请下载 SVG Viewer 插件并安装。下载链接在门户首页左侧的左下角。图 8-7 显示的是"桃园公寓.21号楼.4层.401房间"的电表信息。

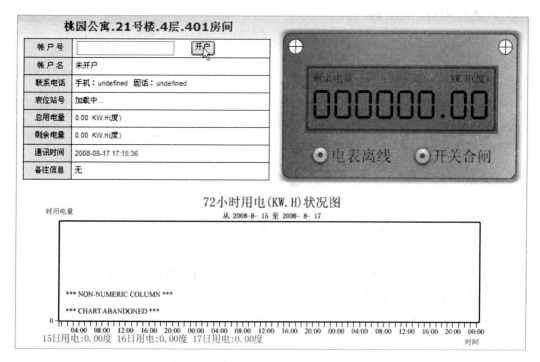

图 8-7 电表信息

(3) 点击账户号右侧的"开户"按钮。在弹出的账户信息窗口中输入账户基本信息，然后点击"确定"按钮，如图 8-8 所示。屏幕中会出现进度条，系统此时对电表进行开户操作。根据网络情况的快慢，此过程大约需要 10 秒～20 秒的时间。

图 8-8 输入账户基本信息

2. 批量开户

如果需要开户的电表数量太多，可以使用批量开户功能，同时对多个电表开户。

对多个电表进行批量开户操作，步骤如下：

(1) 请在操作界面左侧第一个功能项"预付费管理"中展开楼层层次结构树，随意点击某一楼层(蓝色图标)，如图 8-9 所示。

图 8-9 操作导航

(2) 操作界面的右侧以列表形式显示该楼层所有电表的相关信息。点击右侧上方工具栏中的"批量"按钮，如图 8-10 所示。

图 8-10 点击"批量"按钮

(3) 在弹出的批量开户窗口中输入账户基本信息，然后点击"确定"按钮，如图 8-11 所示。屏幕中会出现进度条，系统此时对电表进行开户操作。根据网络情况的快慢和同一网关下电表数量的多少，此过程大约需要 20 秒～10 分钟的时间。

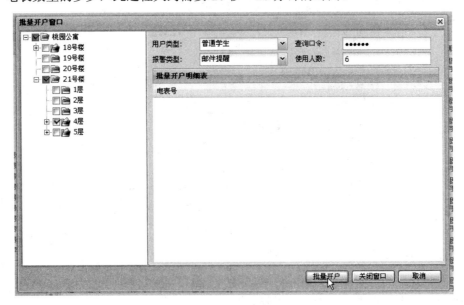

图 8-11 输入账户基本信息

3. 销户

当一块电表不再被当前用户使用时(譬如学生毕业离校)，可以对该电表进行销户操作。进行销户操作后的电表，必须进行开户操作后才能再次使用。

对一块电表进行开户操作，步骤如下：

(1) 请在操作界面左侧第一个功能项"预付费管理"中展开楼层层次结构树，点击要销户电表房间所在楼层(蓝色图标)，如图 8-12 所示。

图 8-12　操作导航

(2) 操作界面的右侧以列表形式显示该楼层下所有房间电表的相关信息。先单击选中要销户房间所在行，点击鼠标右键，在右键菜单中选择"销户"，如图 8-13 所示。

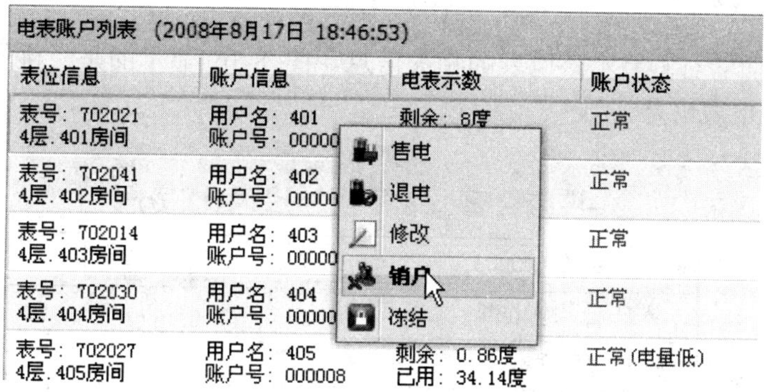

图 8-13　所有房间电表的相关信息

(3) 在弹出的确认窗口点击"确定"按钮，如图 8-14 所示。屏幕中会出现进度条，系统此时对电表进行销户操作。根据网络情况的快慢，此过程大约需要 10 秒～20 秒的时间。请注意，销户操作会将电表中的剩余电量清空。也就是说，不论销户前电表中的剩余电量是否为 0，销户后剩余电量都将变为 0。

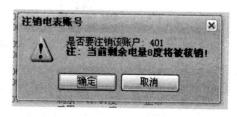

图 8-14　注销电表账号

8.4.2 售电与退电

1. 售电

一块电表开户后就可以开始使用，但此时电表内并无任何剩余电量，开关处于分闸状态。一般情况下(即不允许透支)，需要对该电表售电后才可以正常用电。

对一块电表进行售电操作，步骤如下：

(1) 请在操作界面左侧第一个功能项"预付费管理"中展开楼层层次结构树，直到找到用户需开户电表所在房间，点击该房间(绿色图标)，如图 8-15 所示。

图 8-15　操作导航

(2) 操作界面的右侧显示该电表的相关信息。图 8-16 显示的是"桃园公寓.21 号楼.4 层.401 房间"的电表信息。

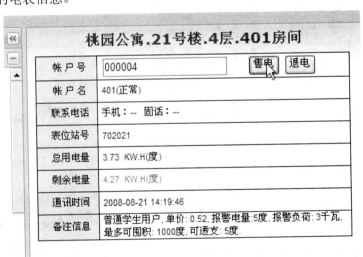

图 8-16　电表信息

(3) 点击帐户号右侧的"售电"按钮。在弹出的售电窗口中输入售电度数金额或金额，然后点击"售电"按钮，如图 8-17 所示。屏幕中会出现进度条，系统此时对电表进行售电操作。根据网络情况的快慢，此过程大约需要 5 秒～10 秒的时间。

图 8-17　售电窗口

（4）售电成功后，会提示是否打印本次售电的收费单据。可以根据自己的需要选择打印或者取消。请注意，此处的打印功能必须使用 IE 浏览器，并且安装 FrontViewRPS 报表打印插件后才可正常使用。报表打印插件的下载链接在门户首页左侧的左下角。

2. 退电

当用户由于某种原因，需要退回表中存储剩余电量时(譬如学生离校销户)，可以使用退电功能实现。

对一块电表进行退电操作，步骤如下：

（1）请在操作界面左侧第一个功能项"预付费管理"中展开楼层层次结构树，直到找到需开户电表所在房间，点击该房间(绿色图标)，如图 8-18 所示。

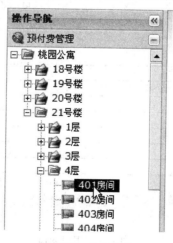

图 8-18　操作导航

(2) 操作界面的右侧以 SVG 形式显示该电表的相关信息。图 8-19 显示的是"桃园公寓.21 号楼.4 层.401 房间"的电表信息。

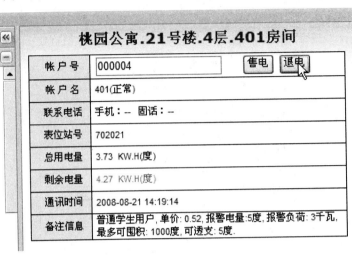

图 8-19　电表信息

(3) 点击帐户号右侧的"退电"按钮。在弹出的售电窗口中输入退电度数金额或金额，然后点击"退电"按钮，如图 8-20 所示。屏幕中会出现进度条，系统此时对电表进行售电操作。根据用户网络情况的快慢，此过程大约需要 5 秒～10 秒的时间。请注意，退电的度数不可能大于电表中的剩余电量。

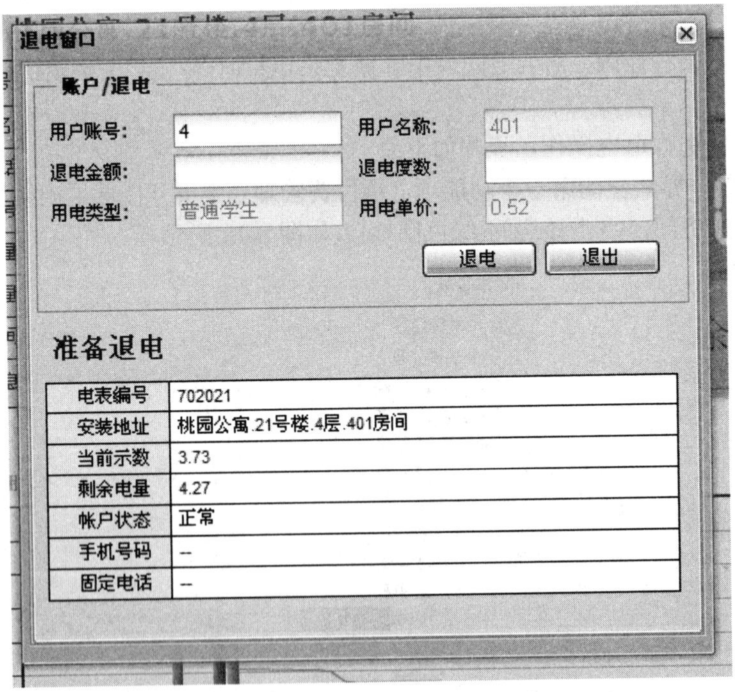

图 8-20　退电窗口

(4) 退电成功后，会提示是否打印本次退电的退费单据。可以根据自己的需要选择打印或者取消。请注意，此处的打印功能必须使用 IE 浏览器，并且安装 FrontViewRPS 报表打印插件后才可正常使用。报表打印插件的下载链接在门户首页左侧的左下角。

8.4.3 统计与报表

1. 日账目盘点

为了清楚了解自己每天的售电情况，可以试用"日账目盘点"功能。该功能可以显示出用户每天的售电金额、售电次数、退电金额、退电次数、日售电金额合计等，并提供打印功能。

查看日账目盘点的步骤如下：

(1) 请在操作界面左侧第二个功能项"账目盘点"中点击"日账目盘点"，如图 8-21 所示。

图 8-21　操作导航

(2) 操作界面的右侧以 A4 页面的形式显示日售电信息，如图 8-22 所示。

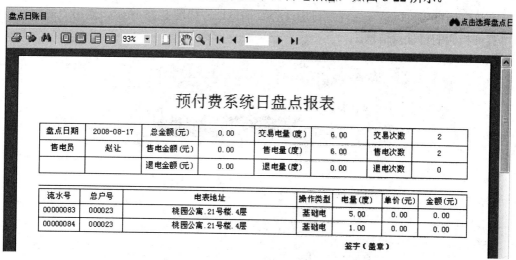

图 8-22　日售电信息(一)

图 8-22 显示的是安装 RPS 报表打印插件后用 IE 浏览呈现的界面，如果使用的是 Firefox 或者 Safari 浏览器，将会看到以 Adobe PDF 插件呈现的界面，如图 8-23 所示。

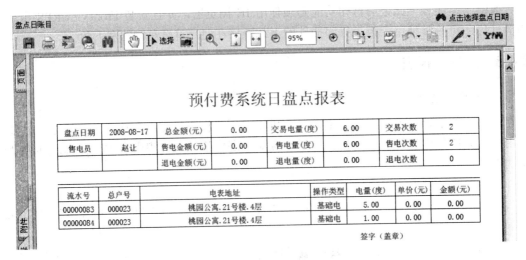

图 8-23　日售电信息(二)

(3) 如果想查看其它日期的账目盘点信息，请点击右上方的"点击选择盘点日期"按钮，此时会弹出"请选择盘点日期"对话框，如图 8-24 所示。

图 8-24　"请选择盘点日期"对话框

在该对话框中可以输入或通过日历选择查询日期，如图 8-25 所示，点击"确定"按钮即可查询相应的日盘点信息。

图 8-25　查询某日的日盘点信息

2．日账目汇总

日账目汇总与日账目盘点类似，但侧重点不同。日账目盘点只显示当前售电员的售电情况，以列表的形式显示出每一笔售电记录；日账目汇总显示所有售电员的情况，以汇总的形式显示出每个售电员的售电金额和所有人合计的售电金额。日账目汇总用来方便不同售电员交接班时的财务核对。

查看日账目汇总，步骤如下：

（1）请在操作界面左侧第二个功能项"账目盘点"中点击"日帐目汇总"，如图 8-26 所示。

图 8-26　操作导航

（2）操作界面的右侧以 A4 页面的形式显示日售电汇总信息，如图 8-27 所示。

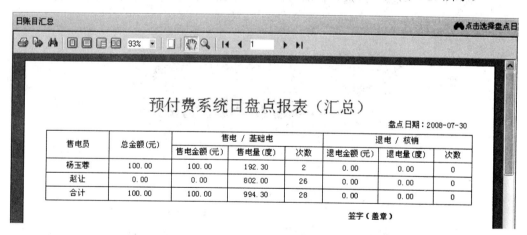

图 8-27　日售电汇总信息(一)

图 8-27 显示的是安装 RPS 报表打印插件后用 IE 浏览呈现的界面，如果使用的是 Firefox 或者 Safari 浏览器，将会看到以 Adobe PDF 插件呈现的界面，如图 8-28 所示。

预付费系统日盘点报表（汇总）

盘点日期：2008-07-30

售电员	总金额(元)	售电 / 基础电			退电 / 核销		
		售电金额(元)	售电量(度)	次数	退电金额(元)	退电量(度)	次数
杨玉蓉	100.00	100.00	192.30	2	0.00	0.00	0
赵让	0.00	0.00	802.00	26	0.00	0.00	0
合计	100.00	100.00	994.30	28	0.00	0.00	0

签字（盖章）

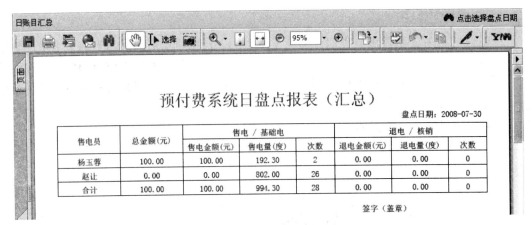

图 8-28　日售电汇总信息(二)

(3) 如果想查看其它日期的账目盘点信息，请点击右上方的“点击选择盘点日期”按钮，此时会弹出“请选择盘点日期”对话框，如图 8-29 所示。

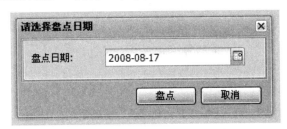

图 8-29　“请选择盘点日期”对话框

在该对话框中可以输入或通过日历选择查询日期(见图 8-30)，点击“确定”按钮即可查询相应的日盘点信息。

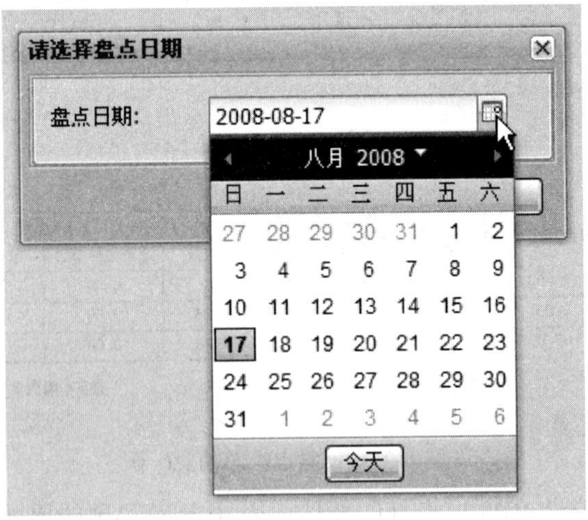

图 8-30　选择查询日期

要访问月账目汇总功能，请选择操作界面左侧第二个功能项“账目盘点”中的“月账目汇总”即可。其操作方式与前面“日账目汇总”的基本相同，在此不再赘述。

要访问年账目汇总功能，请选择操作界面左侧第二个功能项“账目盘点”中的“年账目汇总”即可。其操作方式与前面“日账目汇总”的基本相同，在此不再赘述。

3．按月售电报表

“按月售电报表”用于查看对于一栋宿舍楼或学生公寓组团在一个月内的售电情况。

查看月售电报表的步骤如下：

(1) 请在操作界面左侧第四个功能项“售电统计”中点击“按月售电报表”，如图 8-31 所示。

操作导航
预付费管理
账目盘点
日志查询
售电统计
按月售电报表
按年售电报表
按月综合报表
按年综合报表

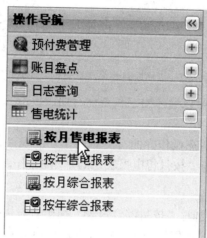

图 8-31　操作导航

(2) 操作界面的右侧以日历的形式显示每栋建筑的售电汇总信息，如图 8-32 所示。

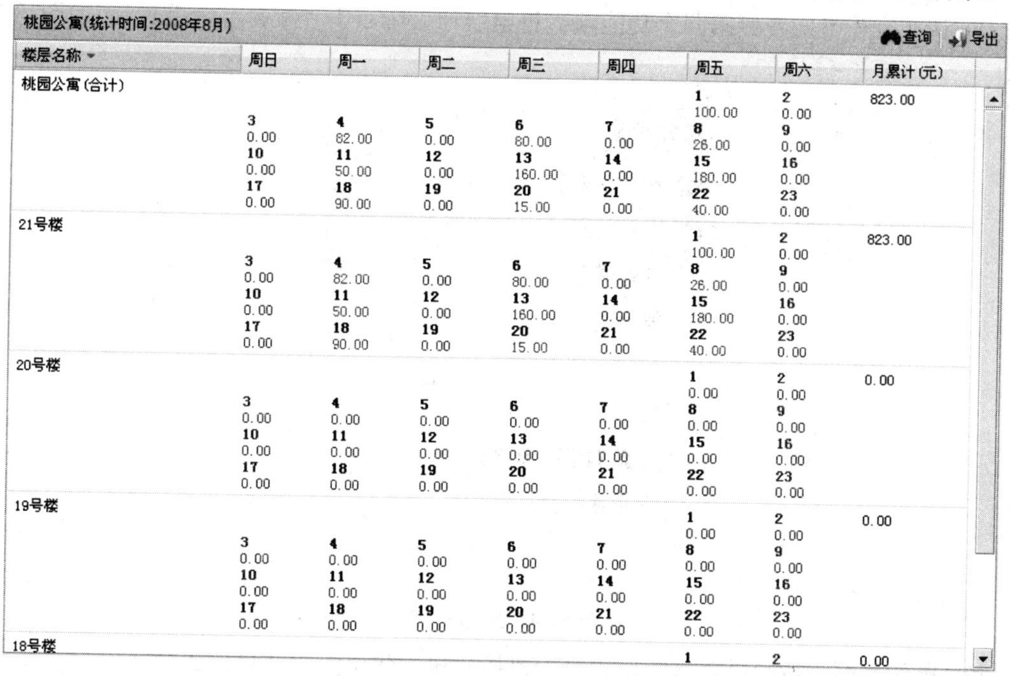

桃园公寓(统计时间:2008年8月)
查询
导出
楼层名称
周日
周一
周二
周三
周四
周五
周六
月累计(元)
桃园公寓(合计)
1 100.00 2 0.00 3 0.00 4 82.00 5 0.00 6 80.00 7 0.00 8 26.00 9 0.00 10 0.00 11 50.00 12 0.00 13 160.00 14 0.00 15 180.00 16 0.00 17 0.00 18 90.00 19 0.00 20 15.00 21 0.00 22 40.00 23 0.00
823.00
21号楼
1 100.00 2 0.00 3 0.00 4 82.00 5 0.00 6 80.00 7 0.00 8 26.00 9 0.00 10 0.00 11 50.00 12 0.00 13 160.00 14 0.00 15 180.00 16 0.00 17 0.00 18 90.00 19 0.00 20 15.00 21 0.00 22 40.00 23 0.00
823.00
20号楼
1 0.00 2 0.00 3 0.00 4 0.00 5 0.00 6 0.00 7 0.00 8 0.00 9 0.00 10 0.00 11 0.00 12 0.00 13 0.00 14 0.00 15 0.00 16 0.00 17 0.00 18 0.00 19 0.00 20 0.00 21 0.00 22 0.00 23 0.00
0.00
19号楼
1 0.00 2 0.00 3 0.00 4 0.00 5 0.00 6 0.00 7 0.00 8 0.00 9 0.00 10 0.00 11 0.00 12 0.00 13 0.00 14 0.00 15 0.00 16 0.00 17 0.00 18 0.00 19 0.00 20 0.00 21 0.00 22 0.00 23 0.00
0.00
18号楼
1 2
0.00

图 8-32　每栋建筑的售电汇总信息

(3) 如果想更换查询的楼宇或查看其它日期的售电统计点信息，请点击右上方的"查询"按钮，此时会弹出"楼层月售电统计查询"对话框(见图8-33)或"请选择盘点日期"对话框。

图8-33　"楼层月售电统计查询"对话框

在图8-32所示对话框中可以选择楼宇和查询日期，点击"查询"按钮即可查询相应的售电统计信息。

要访问按年售电报表，请在操作界面左侧第四个功能项"售电统计"中点击"按年售电报表"即可。其操作方式与"按月售电报表"的基本相同，在此不再赘述。

4．按月综合报表

与"按月售电报表"相类似，"按月综合报表"用于查看用户对于一栋宿舍楼或学生公寓组团在一个月内的售电情况。但按月综合报表内的信息更直观，同时也提供了不同用电类型的比较。

查看月综合报表的步骤如下：

(1) 请在操作界面左侧第四个功能项"售电统计"中点击"按月综合报表"，如图8-34所示。

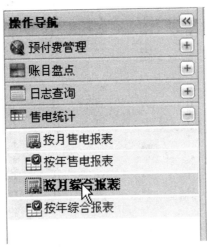

图8-34　操作导航

(2) 操作界面的右侧以表格的形式显示每栋建筑的售电汇总信息，如图8-35所示。

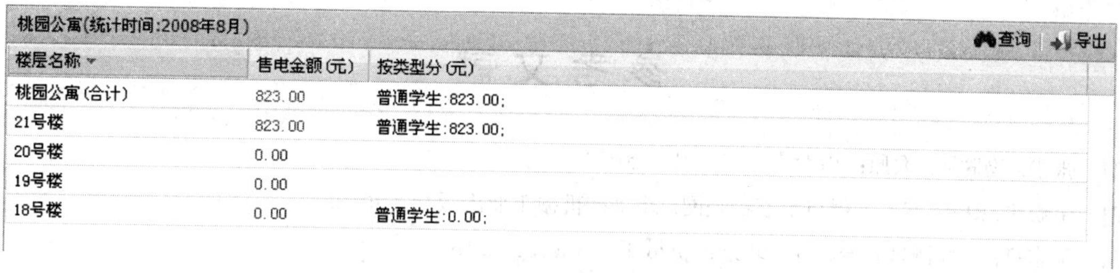

桃园公寓(统计时间:2008年8月)			查询 导出
楼层名称 ▼	售电金额(元)	按类型分(元)	
桃园公寓(合计)	823.00	普通学生:823.00;	
21号楼	823.00	普通学生:823.00;	
20号楼	0.00		
19号楼	0.00		
18号楼	0.00	普通学生:0.00;	

图 8-35   每栋建筑的售电汇总信息

(3) 如果想更换查询的楼宇或查看其它日期的售电统计点信息,请点击右上方的"查询"按钮,此时会弹出"楼层月售电综合统计查询"对话框,如图 8-36 所示。

图 8-36   "楼层月售电综合统计查询"对话框

在该对话框中可以选择楼宇和查询日期,点击"查询"按钮即可查询相应的售电统计信息。

要访问按年综合报表,请在操作界面左侧第四个功能项"售电统计"中点击"按年综合报表"即可。其操作方式与"按月综合报表"的基本相同,在此不再赘述。

思考题与习题

(1) 网络预付费水电管理的主要内容是什么?

(2) 你能设计一个用水、用电、用餐、借书通用的校园"一卡通"管理软件吗?

参 考 文 献

[1] 张福. 物联网. 太原：山西人民出版社，2010.

[2] 宁焕生. RFID 重大工程与国家物联网. 北京：机械工业出版社，2010.

[3] 王志良. 物联网现在与未来. 北京：机械工业出版社，2010.

[4] 刘化君，刘传清. 物联网技术. 北京：电子工业出版社，2010.

[5] 张春红，等. 物联网技术与应用. 北京：人民邮电出版社，2011.

[6] 易家康. 地球面临的九大危机. 科学画报，2010(6).

[7] 卢昌海. 云计算——互联网上一朵美丽的"云". 科学画报，2010(6).

[8] 高丹，张唯易. 物联网引发第三次信息产业革命. 科学画报，2010(12).

[9] 张尧学. 无处不在的计算. 科学画报，2011(6).

[10] 吴功宜. 智慧的物联网. 北京：机械工业出版社，2010.

[11] 陈海滢，刘昭，等. 物联网应用启示录. 北京：机械工业出版社，2011.

[12] 陈林星. 无线传感器网络技术与应用. 北京：电子工业出版社，2009.

[13] 韩燕波，赵卓峰，王桂玲，等. 物联网与云计算. 中国计算机协会通讯，2010，6(2)：58-63.

[14] 物联网特征. http://user.qzone.qq.com/1377899799/blog/1293885628.

[15] 物联网技术架构和应用模式. http://user.qzone.qq.com/1377899799/blog/1293885914.

[16] 物联网——"物"的涵义. http://user.qzone.qq.com/1377899799/blog/1293885666.

[17] 物联网——"中国式"定义. http://user.qzone.qq.com/1377899799/blog/1293885723.

[18] 物联网——欧盟的定义. http://user.qzone.qq.com/1377899799/blog/1293885767.

[19] 物联网——背景. http://user.qzone.qq.com/1377899799/blog/1293885825.

[20] 物联网——概念. http://user.qzone.qq.com/1377899799/blog/1293885946.

[21] 物联网——机构. http://user.qzone.qq.com/1377899799/blog/1293885980.

[22] 物联网建设. http://user.qzone.qq.com/1377899799/blog/1293886018.

[23] 物联网趋势. http://user.qzone.qq.com/1377899799/blog/1293886092.

[24] 刘迎春，叶湘滨，等. 现代新型传感器原理与应用. 北京：国防工业出版社，2000.

[25] 刘君华. 智能传感器系统. 2 版. 西安：西安电子科技大学出版社，2010.

[26] 单承赣，单玉峰，姚磊. 射频识别(RFID)原理与应用. 北京：电子工业出版社，2008.